安徽现代农业职业教育集团
服务"三农"系列丛书

Zhongcaoyao Zaipei Shiyong Jishu

中草药栽培实用技术

主　编　刘汉珍
副主编　周丽丽　毛斌斌

北京师范大学出版集团
BEIJING NORMAL UNIVERSITY PUBLISHING GROUP
安徽大学出版社

图书在版编目(CIP)数据

中草药栽培实用技术/刘汉珍主编.—合肥：
安徽大学出版社，2014.1
（安徽现代农业职业教育集团服务"三农"系列丛书）
ISBN 978-7-5664-0682-8

Ⅰ.①中… Ⅱ.①刘… Ⅲ.①药用植物－栽培技术 Ⅳ.①S567

中国版本图书馆CIP数据核字（2013）第302081号

中草药栽培实用技术

刘汉珍　主编

出版发行：	北京师范大学出版集团 安 徽 大 学 出 版 社 （安徽省合肥市肥西路3号 邮编230039） www.bnupg.com.cn www.ahupress.com.cn
印　　刷：	安徽省人民印刷有限公司
经　　销：	全国新华书店
开　　本：	148mm×210mm
印　　张：	7
字　　数：	184千字
版　　次：	2014年1月第1版
印　　次：	2014年1月第1次印刷
定　　价：	14.00元

ISBN 978-7-5664-0682-8

策划编辑：李　梅　武溪溪		装帧设计：李　军	
责任编辑：武溪溪　李　栎		美术编辑：李　军	
责任校对：程中业		责任印制：赵明炎	

版权所有　侵权必究
反盗版、侵权举报电话：0551－65106311
外埠邮购电话：0551－65107716
本书如有印装质量问题，请与印制管理部联系调换。
印制管理部电话：0551－65106311

丛书编写领导组

组　长	程　艺			
副组长	江　春	周世其	汪元宏	陈士夫
	金春忠	王林建	程　鹏	黄发友
	谢胜权	赵　洪	胡宝成	马传喜
成　员	刘朝臣	刘　正	王佩刚	袁　文
	储常连	朱　彤	齐建平	梁仁枝
	朱长才	高海根	许维彬	周光明
	赵荣凯	肖扬书	李炳银	肖建荣
	彭光明	王华君	李立虎	

丛书编委会

主　任	刘朝臣	刘　正		
成　员	王立克	汪建飞	李先保	郭　亮
	金光明	张子学	朱礼龙	梁继田
	李大好	季幕寅	王刘明	汪桂生

丛书科学顾问

（按姓氏笔画排序）

王加启　张宝玺　肖世和　陈继兰　袁龙江　储明星

序

解决"三农"问题,是农业现代化乃至工业化、信息化、城镇化建设中的重大课题。实现农业现代化,核心是加强农业职业教育,培养新型农民。当前,存在着农民"想致富缺技术,想学知识缺门路"的状况。为改变这个状况,现代农业职业教育必然要承载起重大的历史使命,着力加强农业科学技术的传播,努力完成培养农业科技人才这个长期的任务。农业科技图书是农业科技最广博、最直接、最有效的载体和媒介,是当前开展"农家书屋"建设的重要组成部分,是帮助农民致富和学习农业生产、经营、管理知识的有效手段。

安徽现代农业职业教育集团组建于2012年,由本科高校、高职院校、县(区)中等职业学校和农业企业、农业合作社等59家理事单位组成。在理事长单位安徽科技学院的牵头组织下,集团成员牢记使命,充分发掘自身在人才、技术、信息等方面的优势,以市场为导向、以资源为基础、以科技为支撑、以推广技术为手段,组织编写了这套服务"三农"系列丛书,全方位服务安徽"三农"发展。本套丛书是落实安徽现代农业职教育教集团服务"三农"、建设美好乡村的重要实践。丛书的编写更是凝聚了集体智慧和力量。承担丛书编写工作的专家,均来自集团成员单位内教学、科研、技术推广一线,具有丰富的农业科技知识和长期指导农业生产实践的经验。

丛书首批共22册,涵盖了农民群众最关心、最需要、最实用的各类农业科技知识。我们殚精竭虑,以新理念、新技术、新政策、新内容,以及丰富的内容、生动的案例、通俗的语言、新颖的编排,为广大农民奉献了一套易懂好用、图文并茂、特色鲜明的知识丛书。

深信本套丛书必将为普及现代农业科技、指导农民解决实际问题、促进农民持续增收、加快新农村建设步伐发挥重要作用,将是奉献给广大农民的科技大餐和精神盛宴,也是推进安徽省农业全面转型和实现农业现代化的加速器和助推器。

当然,这只是一个开端,探索和努力还将继续。

安徽现代农业职业教育集团
2013年11月

前　言

配合当前农村产业结构的调整,大力发展中草药种植业,既顺应了人们对医疗保健药品的需求,又是增加农民收入的重要途径。我们根据多年在教学、科研和开发工作中所积累的一些经验,特选择白芷、白芍、菊花、红花、白术、丹皮、茯苓等33种适合皖江一带种植的中草药品种,介绍给想种植中草药的朋友们。

为避免因盲目种植而蒙受经济损失,我们认为在选定种植的中草药品种前,需做到以下几点:第一,种植中草药前,一定要调研好所种药材的市场行情和种植技术的难度,明确自身的资金、土地、人力和物力资源符合种植条件。必要时可向有关专家咨询或对附近的药材市场进行调研。第二,种植中草药要因地制宜。根据当地的土地条件、气候条件、人力物力资源来确定种植品种和种植面积,不适应当地气候的中草药品种不要强行引种,引种时最好能有专家从旁指导。中草药种植的利润大,风险也大,因此,一定要稳步发展。第三,选好种子和种苗。一定要找专业机构或专家来鉴定种子、种苗。选到优良种子、种苗等于成功了一半。第四,掌握相关的种植技术。中草药由野生变家栽后,苗期生长弱小,中草药封垄之前一定要加强田间管理,定期除草,防治病虫害。要彻底抛弃中草药只种不管理的陈旧思想。第五，抓好中草药的收获与加工环节。辛辛苦苦种出的中草药，一定要精细收获加工。同时，要密切关注所种中草药市场行情的变化，千万不要高价囤货或低价抛售，应随行就市，积极销售。

由于编者水平有限，加之时间仓促，书中的缺点和错误在所难免，敬请广大读者批评、指正。

编 者

2013 年 11 月

目 录

第一篇 总 论

第一章 我国丰富的中药资源 ·· 1
 一、中药鉴定知识的起源与本草沿革 ························· 2
 二、中药资源的概况 ·· 5
 三、中药的道地药材资源 ··· 8

第二章 中草药的种植分类 ·· 12
 一、按药用部位的不同分类 ······································ 12
 二、按中药性能功效不同分类 ··································· 13

第三章 中草药与环境的关系 ······································ 16
 一、光照 ·· 16
 二、温度 ·· 17
 三、水分 ·· 17
 四、土壤 ·· 18

第四章 中草药的繁殖 ·· 20
 一、无性繁殖 ·· 20
 二、有性繁殖 ·· 23

第五章 中草药的栽培技术措施 ·································· 26
 一、整地与做畦 ··· 26

二、灌溉与排水 ································· 27
　　三、施肥 ····································· 27
　　四、中耕除草 ································· 28
　　五、整形与修剪 ······························· 28

第六章　中草药常见病虫害及其防治 ················· 30
　　一、常见病害及其防治 ························· 30
　　二、常见虫害及其防治 ························· 32

第七章　中草药的采收与加工 ······················· 36
　　一、中草药的采收 ····························· 36
　　二、中草药的产地初加工 ······················· 39

第二篇　各　论

第一章　根和根茎类中草药 ······················· 42
　　一、桔梗 ····································· 42
　　二、白芍 ····································· 46
　　三、白芷 ····································· 51
　　四、天麻 ····································· 55
　　五、板蓝根 ··································· 59
　　六、地黄 ····································· 62
　　七、山药 ····································· 65
　　八、浙贝母 ··································· 70
　　九、丹参 ····································· 74
　　十、半夏 ····································· 78
　　十一、白术 ··································· 84
　　十二、泽泻 ··································· 92

第二章　皮类中草药 ····························· 99
　　一、杜仲 ····································· 99
　　二、丹皮 ···································· 105

目 录

第三章　叶类、全草类中草药 ……………………………… 111
一、桑叶 ……………………………………………………… 111
二、薄荷 ……………………………………………………… 115
三、半枝莲 …………………………………………………… 120
四、绞股蓝 …………………………………………………… 123
五、紫苏 ……………………………………………………… 127
六、荆芥 ……………………………………………………… 131

第四章　花、果实、种子类中草药 ………………………… 135
一、菊花 ……………………………………………………… 135
二、红花 ……………………………………………………… 141
三、金银花 …………………………………………………… 146
四、番红花 …………………………………………………… 150
五、辛夷 ……………………………………………………… 155
六、玫瑰花 …………………………………………………… 159
七、月季花 …………………………………………………… 163
八、薏苡仁 …………………………………………………… 169
九、栀子 ……………………………………………………… 173
十、山茱萸 …………………………………………………… 177
十一、吴茱萸 ………………………………………………… 183
十二、决明子 ………………………………………………… 187
十三、栝楼 …………………………………………………… 189
十四、银杏 …………………………………………………… 193
十五、酸枣仁 ………………………………………………… 198

第五章　真菌类中草药 ……………………………………… 201
一、灵芝 ……………………………………………………… 201
二、茯苓 ……………………………………………………… 204

参考文献 ……………………………………………………… 209

第一篇 总 论

第一章 我国丰富的中药资源

中药资源包括植物药资源、动物药资源和矿物药资源,又分为天然中药资源和人工栽培的药用植物或饲养的动物资源。我国幅员辽阔,地跨寒、温、热三带,地形错综复杂,气候条件多种多样,蕴藏着极为丰富的天然中药资源。许多药材由于天时、地利的生长条件和多年来劳动人民的精心培植,优质而高产,故有"道地药材"之称。四川的黄连、附子,云南的三七,甘肃的当归、大黄,宁夏的枸杞子,内蒙古的黄芪,吉林的人参,山西的党参,河南的地黄、牛膝,山东的北沙参、金银花,江苏的薄荷,安徽的丹皮,浙江的玄参、浙贝母,福建的泽泻,广西的蛤蚧,辽宁的细辛、五味子等,都是历史悠久、闻名全国的常用道地中药,有些在国际上亦享有盛名。

中药资源绝大部分是天然资源。对中药资源的保护与开发是中药产业可持续发展的必备条件,也是中药鉴定学的长期任务。

我们要通过对中药资源蕴藏量的评估,制定实用的珍稀濒危药用植物和动物的保护计划,研究中药资源与生态平衡的关系,建立中药自然保护区,做到计划采收及合理利用,保护中药的资源;积极开展对野生品种变家种、家养的研究,大力发展中药的栽培和养殖产业,同时加速研究和制定栽培和养殖中药的规范化生产标准,解决中药资源不足的问题;建立中药优良品种的种子库和基因库,寻找优质、高产和易于生产的品种,从源头解决中药产业可持续发展的问题;在中药学、生物学、化学和药理学等基本理论的指导下,根据药用植物(或动物)的亲缘关系和生物活性成分的生源关系,研制中药的新品种或原料药,开发和扩大中药的资源。加强对中药资源的保护,必须树立可持续发展的战略思想。

为保护珍稀濒危野生动物并合理利用野生动物资源,国家已经制定了相应的法规和政策,如《中华人民共和国野生动物保护法》、《中华人民共和国森林法》、《中华人民共和国渔业法》、《野生药材资源保护管理条例》等。与中药有关的各个部门和环节,必须加强法制观念,认真执行有关政策和条例,逐步建立和完善药用植物、动物自然保护区。目前,全国与中药资源有关的自然保护区已达近千个,仅黑龙江、广西两省就建立了500余个自然保护区。《野生药材资源保护管理条例》颁布后,几乎各省、自治区都拟定了实施细则,如新疆发布了保护麻黄、甘草的条例;内蒙古、宁夏发布了保护甘草的细则;广西发布了保护龙血树的规定。另外,建立珍稀濒危药用植物园和动物园,对部分药用植物进行引种驯化,迁地保护,变野生为人工栽培,也是十分有效的措施。

一、中药鉴定知识的起源与本草沿革

中药鉴定知识是在人类在长期与疾病作斗争的医疗实践中产生和发展起来的,经历了漫长的发展过程。中药鉴定的起源可追溯到远古时代,人们在寻找食物的同时,发现了许多具有特殊作用、可以用来防治疾病的植物,这些发现的内涵即是鉴定知识的起源。在公元前太古时代曾有"神农尝百草,日遇七十二毒"的说法。这也就是说,中药鉴定知识是随着中药的发现而产生的,在没有文字的太古时代,这些知识只能依靠师承口授流传后世。有了文字以后,中药鉴定知识逐渐直接或间接地被记录下来,出现了医药书籍。古代记载中药的著作被称为"本草",从秦汉时期到清代,本草著作约有400种之多。这些著作是我国人民长期与疾病作斗争的宝贵经验和鉴别中药的丰富知识的总结,是中医药学的宝贵财富,在国际上也产生了重大影响。

我国第一部诗歌总集《诗经》中就记载有可以治病的药物,该书叙述了葛、苓、芍药、蒿、芩等 50 多种药用植物的采集、性状、产地等知识,介绍了初步的性状鉴别方法。《淮南子》记载有秦皮"以水浸之,正青"的水试鉴别法。《山海经》中有十巫采用百药的记载。《周礼·天官》记载有"医师掌医之政令,聚毒药以供医事",并有草、木、虫、石、谷"五药"的记载。《五十二病方》是迄今为止我国发现的最古老的一部医学方书,其中收载了 247 种中药、283 个中药处方和饼、曲、酒、丸、散等中药剂型。

《神农本草经》为我国已知最早的药物学专著,成书于东汉末年,作者不详,该书记载中药 365 种,其中植物药 252 种、动物药 67 种、矿物药 46 种,并将中药按医疗作用分为上、中、下三品。从书中所记载的药名推出,当时已经具备了较为完整的性状鉴别方法,如"人参"、"丹参"、"木香"、"苦参"等,均与性状鉴别的看法、嗅法、尝法有关。

南北朝宋代,雷斅撰写了《雷公炮炙论》,该书对中药质量鉴别方面的内容记载颇多,书中还出现了采用比重法评价中药质量的实例,如对沉香的质量评价为:"沉水者为上,半沉水者次之,不沉水者劣。"中药鉴定单凭文字记述不易详尽,也不易理解。公元 5 世纪,出现了早期的药图,这在中药鉴定的发展史上是一大进步。

南北朝梁代,陶弘景以《神农本草经》和《名医别录》为基础编成《本草经集注》(7 卷),记载中药 730 种。全书以药物的自然属性分类,分为玉石、草木、虫兽、果、菜、米食、有名未用 7 类;对药物的产地、采收、形态、鉴别等均有所论述,有的药物还记载了火烧试验或对光照视等鉴别方法,如硝石"以火烧之,紫青烟起",云母"向日视之,色青白多黑",丹砂以"光色如云母,可析者良"等。

唐代李勣、苏敬等 22 人集体撰成《新修本草》，又称《唐本草》，记载中药 850 种。该书由唐代的中央政府颁布，是世界上第一部由国家颁行的药典。它比欧洲地方性的《佛罗伦斯药典》(1494 年) 早 835 年，比欧洲第一部全国性的《丹麦药典》(1772 年) 早 1113 年。该书采用了图文并行的编写方式，有本草 20 卷、目录 2 卷、图经 7 卷、药图 25 卷，图文并茂，是较为完整的中药学专著。

唐代陈藏器著有《本草拾遗》，该书记载了《新修本草》未记载的中药 692 种，提出了按照药效——宣、通、补、泄、轻、重、燥、湿、滑、涩分类的分类方法，在全书的内容上重视中药的性味功能、生长环境、产地、形态描述、混淆品种考证等，对药材的描述尤其真实可靠，如"海马出南海，形如马，长五六寸，虾类也"。

宋代刘翰、马志等撰成《开宝新详定本草》，简称《开宝本草》，该书记载中药 983 种。为了加强中药的质量管理和普及中药鉴定知识，1061 年，苏颂等校注药种图说，编成《图经本草》，对中药的产地、形态、用途等均有说明。该书首创版印墨线药图，绝大多数为实地写生绘制，药图的名称大多冠以州、县名，反映出当时十分重视药材产地和质量评价。该书是后世《本草图说》的范本。虽然《图经本草》原著已佚失，但是其所记载的药图 930 余幅均在其他本草著作中得以保存。

北宋时代蜀医唐慎微编撰了《经史证类备急本草》，简称《证类本草》。该书记载中药 1746 种，是研究中药鉴定方法的重要文献，也是现存最早、最完整的本草著作。该书侧重药材的鉴别，提出了药材产地与质量有关的论点，甚为后世所推崇。

明代李时珍的本草著作《本草纲目》记载中药 1892 种、药方 11096 个、药图 1109 幅。该书自立分类系统，将药材按其来源的自然属性分为 16 部、60 类。该书对中药的性状和鉴别的记载也较为完善，如对樟脑的描述为："状似龙脑，白色如雪，樟脑脂膏也。"《本草纲目》不仅继承了唐、宋时代本草图文并茂的优点，而且把所有的药材鉴定内容归于"集解"项下,使之条理化,并且在"集解"项中引录了很多现已失传的古代本草对药物鉴别的记载,为后世留下了宝贵的史料。《本草纲目》的出版,对中外医药学和生物学的发展都有巨大的影响。17世纪初,该书传到国外,被翻译成多国文字,畅销世界各地,成为世界性重要药学文献之一。

明代刘文泰等编写了《本草品汇精要》,记载中药1815种,新增中药48种。该书以苗、形、色、味、嗅等项逐条记载了与中药性状鉴别有关的内容,并附有彩色药图,是现代中药性状鉴定法的雏形。陈嘉谟编撰的《本草蒙筌》记载中药742种,该书对中药的"生产择土地"、"收采按时月"、"贸易别真假"等进行了专述,提出了药用植物与其生长环境统一的规律性,详细论述了不同药用部位采收的一般规律以及产地与药材质量的关系,并对中药市场掺伪作假的现象进行了详细调查,指出了"枸杞子蜜拌为甜、蜈蚣朱其足"等以劣充优的现象。

清代赵学敏著成《本草纲目拾遗》,该书记载中药921种,其中有716种中药是《本草纲目》中未记载的,如冬虫夏草、西洋参、浙贝母等,它是清代新增中药品种最多的一部本草著作。1848年,吴其濬编著了《植物名实图考长编》和《植物名实图考》,这两本著作分别记载植物838种和1714种,虽然这两本书并非药物学专著,但书中记载了很多药用植物,对现代中药的来源鉴定和考证具有重要的参考价值。

二、中药资源的概况

中药资源包括植物药资源、动物药资源和矿物药资源,其中植物药和动物药为生物药资源,属于可更新资源;矿物药为非生物药资源,属于不可更新资源。

我国幅员辽阔,地形错综复杂,气候条件多种多样,蕴藏着极为丰富的天然中药资源。全国第三次中药资源普查结果显示:我国现有中药达12807种,其中植物药11146种,占中药总量87%;动物药1581种,占中药总量12%;矿物药80种,占中药总量不足1%。著名的中药,如五味子、穿山龙、麻黄、羌活、冬虫夏草等,均采自野生的药用植物;羚羊角、蟾酥、斑蝥、蜈蚣、蝉蜕等均来自野生的药用动物;石膏、芒硝、自然铜等均采自天然矿石。这些中药资源中有很多是我国所特有的。

我国辽阔的疆域内分布有寒带、温带、亚热带和热带的各种植被类型,生活着各种动物,蕴藏着丰富的矿产资源。根据自然地理区划,我国的中药资源产区可划分为东北产区、华北产区、华东产区、西南产区、华南产区、内蒙古产区、西北产区、青藏产区及海洋产区共9个产区。

1. 东北产区

东北产区包括黑龙江省大部分地区、吉林省和辽宁省的东部地区及内蒙古自治区的北部地区,是我国冬季最寒冷而又最漫长的地区,大部分区域属于寒温带和温带的湿润和半湿润气候,其野生资源蕴藏量大。该地区所产中药常通称为"关药",如黄柏、北细辛、人参、五味子等。

2. 华北产区

华北产区包括辽宁省南部地区、河北省中部地区及南部地区、北京市、天津市、山西省中部地区及南部地区、山东省、陕西省北部地区和中部地区,以及宁夏回族自治区中南部地区、甘肃省东南部地区、青海省、河南省、安徽省及江苏省的小部分地区,是道地中药"北药"的主产区。主要中药资源有北沙参、知母、银柴胡、黄芩、全蝎等。

3. 华东产区

华东产区包括浙江省、江西省、上海市、江苏省中部地区和南部地区、安徽省中部地区和南部地区、湖北省中部地区和东部地区、湖南省中部地区和东部地区、福建省中部地区和北部地区,以及河南省及广东省的小部分地区,是中药"浙药"和部分"南药"的产区。该地区分布的天然中药资源有玄参、益母草、山茱萸、丹参、苍术、葛根等。

4. 西南产区

西南产区包括贵州省、四川省、云南省的大部分地区,以及湖北省、湖南省西部地区,甘肃省东南部地区、陕西省南部地区、广西壮族自治区北部及西藏自治区东部,为道地药材"川药"、"云药"和"贵药"的主产地。该地区除了有众多人工栽培的品种外,还有许多野生药材,如厚朴、胡黄连、七叶一枝花、茯苓、半夏等。

5. 华南产区

华南产区包括海南省、台湾省及南海诸岛、福建省东南部地区、广东省南部地区、广西壮族自治区南部地区及云南省西南部地区。该地区位于我国东南沿海,是道地中药"广药"的主产地。因为该地区地处热带及亚热带,所以有许多特有的天然中药资源,如金毛狗脊、红大戟、黄精、钩藤、千年健等。

6. 内蒙古产区

内蒙古产区包括黑龙江省中南部地区、吉林省西部地区、辽宁省西北部地区、河北及山西省的北部地区、内蒙古自治区中部地区及东部地区。该地区植物种类较少,但每种植物的分布广、产量大。该地区著名的中药有蒙古黄芪、甘草、芍药、防风等。

7. 西北产区

西北产区包括新疆维吾尔自治区、青海省及宁夏回族自治区的北部地区、内蒙古自治区西部地区以及甘肃省西部地区和北部地区。

中草药栽培实用技术

该地区出产的、在全国占重要地位的天然中药有：枸杞、锁阳、肉苁蓉、草麻黄、新疆紫草、红花等。

8.青藏产区

青藏产区包括西藏自治区大部分地区、青海省南部地区、四川省西北部地区和甘肃省西南部地区。该地区具有许多高山名贵中药，其中蕴藏量占全国总量60%～80%以上的种类有：冬虫夏草、胡黄连、掌叶大黄等。

9.海洋产区

海洋产区包括我国东部地区和东南部广阔的海岸线，以及我国领海海域各岛屿的海岸线。海洋是一个巨大的药库，蕴藏着十分丰富的中药资源，中药总种类近700种，其中海藻类100种左右，药用动物类580种左右，矿物及其他类药物4种。我国主要的海洋生物药有杂色鲍、线纹海马、刁海龙、马氏珍珠贝等。

三、中药的道地药材资源

1.道地药材的含义

我国历史悠久，地域辽阔，地跨寒、温、热三带，地形错综复杂，气候条件多种多样，蕴藏着极为丰富的天然中药资源，现有资料记载的中药已达12000种。自古以来，人们把那些具有地区特色、品质优良、高产、疗效显著的药材称为"道地药材"。

道地药材是指经过人们长期医疗实践证明质量高、临床疗效好，且来源于特定地域的、公认的名优正品药材。出产道地药材的产区称"道地产区"（或称"地道产区"），这些产区具有特殊的地质、气候、生态环境。"道地药材"是一个约定俗成的概念，是一种药物标准化的概念。它以固定产地生产、加工或销售方法来控制药材质量，保证了药材的货真质优,因此得到医者与患者的普遍认可。这一概念的产生是以大量的临床实践经验为依据的,经得起时间的考验,有着丰富的科学内涵。

中国著名的道地药材有:东北的人参、鹿茸,浙江的"浙八味",河南的"四大怀药",宁夏的枸杞子,云南的三七,广西的蛤蚧,四川的黄连,山东的阿胶、金银花,广东的陈皮等。

2.道地药材的主要产区

我国的药材资源十分丰富,各个地区都分布有不同种类的药材。全国的道地药材有200余种,分布于川广云贵、南北浙怀、秦陕甘青。其中,西南(四川、云南、西藏)、中南(河南、湖北、湖南、广东、海南、广西)地区各省的道地药材较多。例如著名的"四大怀药"即指产于河南古怀庆府的地黄、山药、牛膝、菊花;以"浙八味"(玄参、麦冬、白术、浙贝母、延胡索、白芍、温郁金、杭白菊)为代表的浙江产道地药材的产区基本上分布在宁(波)绍(兴)平原和北部太湖流域,其中,尤以里县、磐安、嵊县、杭州、金华、东阳等地较为著名。此外,宁夏中宁县的枸杞子,青海西宁的大黄,甘肃岷县的当归,四川江油县的附子、石柱县的黄连、阿坝和甘孜的川贝母,山西潞安的党参,山东东阿的阿胶,吉林抚松的人参,广东阳春的砂仁,广西的蛤蚧,陕西的秦皮,新疆的紫草、阿魏,山东的北沙参,福建的泽泻,贵州的天麻,云南的三七等,均以质量上乘而闻名中外。

道地药材按照产地与分布区域的不同,大致可以划分为以下几类:

(1)川药类 四川省号称"天府之国",地形地貌复杂,药材资源极为丰富。无论是中药的品种,还是中药的数量,均居全国首位。川药主要有:灌县的川芎,江油的川乌、附子,石柱的味连,洪雅、峨嵋的雅连,天全、峨边的川牛膝,江津的川枳壳、川枳实,温江的川郁金,南川、峨嵋的川黄柏,阿坝、甘孜的川贝母、虫草、羌活、麝香,甘孜、雅安的川军,宜宾的巴豆,涪陵、万县的厚朴等。

(2) **广药类** 道地药材自古有"川广云贵"之说。广药是指广东、广西南部及海南岛等热带、亚热带地区的道地药材,不包括进口药材。广药主要有广防己、广巴戟、广豆根、广藿香、广莪术、田七、鸡血藤、阳春砂、益智仁、高良姜、山柰、肉桂、桂枝、槟榔、广金钱草、金钱白花蛇、珍珠、蛤蚧、穿山甲等。

(3) **云药类** 云药是指以云南为主产地的道地药材。云药主要有三七、云木香、云茯苓、云防风、云黄连、云南马钱、鸡血藤、重楼、儿茶、草蔻、草果、苏木、红大戟、天竺黄、琥珀等。

(4) **贵药类** 贵药是指以贵州为主产地的道地药材。贵药主要有天麻、杜仲、吴茱萸、黄精、白芨、天冬、五倍子、朱砂、雄黄、水银等。

(5) **怀药类** 广义的怀药是指河南省出产的道地药材。怀药主要有怀地黄、怀牛膝、怀菊花、怀山药、怀红花、密银花、禹白芷、禹白附、辛夷、芫花、千金子等。

(6) **浙药类** 浙药是指产于浙江的道地药材,以浙八味为代表。广义的浙药还包括沿海大陆架生产的药材。浙药主要有浙玄参、浙贝母、杭菊花、杭白芍、杭麦冬、杭萸肉、浙元胡、温郁金、温朴、天台乌药、榧子、栀子、玉竹、乌梅、蝉蜕、乌贼骨等。

(7) **关药类** 关药是指山海关以北或"关外"东三省及内蒙古自治区的部分地区所产的道地药材。关药主要有人参、鹿茸、关防风、辽细辛、辽(北)五味子、辽藁本、关木通、关龙胆、关黄柏、关白附、关苍术、黄芪、黄芩、甘草、赤芍、锁阳、平贝母、紫草、远志、刺五加、牛蒡子等。

(8) **北药类** 北药是指包括河北、山东、山西及内蒙古的中部地区在内的整个华北地区所产的道地药材。北药主要有黄芪、潞党参、远志、黄芩、甘遂、白头翁、北沙参、北柴胡、祁白芷、淮知母、紫草、银柴胡、板蓝根、香附、麻黄、大青叶、艾叶、济银花、北

第一章 我国丰富的中药资源

山楂、连翘、大枣、栝楼、蔓荆子、苦杏仁、桃仁、小茴香、东阿阿胶、全蝎、龙骨、滑石等。

(9)西北药类 西北药是指陕西、甘肃、宁夏、西藏、新疆等地的道地药材。西北药主要有冬虫夏草、大黄、当归、羌活、秦艽、宁夏枸杞子、银柴胡、茵陈、秦皮、新疆紫草、麻黄、雪莲花、麝香、熊胆、牛黄等。

(10)华南药类 华南药是指长江以南的湖北、湖南、江苏、安徽、江西、福建等地的道地药材,不包括进口南药。华南药主要有苏薄荷、苏桔梗、苏条参(北沙参)、茅苍术、宣木瓜、滁菊、亳芍、凤丹皮、建泽泻、建青黛、蕲艾、蕲蛇、南沙参、太子参、明党参、射干、蜈蚣、蟾蜍、鳖甲、龟板、昆布、海藻、石膏等。

第二章
中草药的种植分类

在我国丰富的中药资源中,植物药占了绝大多数,因此,中药也称"中草药"。中草药的种类繁多,其中既有大量的草本植物,又有众多的木本植物、藤本植物、蕨类植物和低等植物菌藻类,而且种植方式和利用部位各不相同。因此,中草药种植的分类方法亦多种多样,可依照植物科属、生态习性、自然分布分类,也可按照种植方式、利用部位或不同的性能功效来分类。了解中草药的种植分类,将有利于掌握其生长发育特性,以便更好地进行科学管理。目前,各地的药用植物园,一般按照药用部位或性能功效的不同进行种植分类。

一、按药用部位的不同分类

药用植物的营养器官(根、茎、叶)、生殖器官(花、果、种子)及全株均可加工供药用,按其入药部的不同,可分为下列几类:

1. 根及地下茎类

其药用部位为地下的根茎、鳞茎、球茎、块茎和块根,如人参、百合、贝母、山药、延胡索、射干、半夏等。

2. 全草类

其药用部位为植物的茎叶或全株,如薄荷、绞股蓝、肾茶、甜叶菊等。

3. 花类

其药用部位为植物的花、花蕾、花柱,如菊花、红花、金银花、西红花、辛夷等。

4. 果实及种子类

其药用部位为植物成熟或未成熟的果皮、果肉、果核,如栝楼、山茱萸、木瓜、枸杞子、白扁豆、酸枣仁等。

5. 皮类

其药用部位为植物的根皮、树皮,如丹皮、地骨皮、杜仲、厚朴、黄柏等。

6. 真菌类

药用真菌有茯苓、猪苓、灵芝、猴头、冬虫夏草等。

二、按中药性能功效不同分类

中药含有多种复杂的有机化学成分、无机化学成分,这决定了每种中药可具有一种或多种性能和功效,在种植上常按其不同的性能功效分为以下几类:

1. 解表药类

能疏解肌表、促使发汗,用以发散表邪、解除表证的中药,称为"解表药",如麻黄、防风、细辛、薄荷、菊花、柴胡等。

2. 泻下药类

能引起腹泻或滑利大肠、促使排便的中药,称为"泻下药",如大黄、番泻叶、火麻仁、郁李仁等。

3.清热药类

以清解里热为主要作用的中药,称为"清热药",如知母、栀子、玄参、黄连、金银花、地骨皮等。

4.化痰止咳药类

能消除痰涎或减轻和制止咳嗽、气喘的中药,称为"化痰止咳药",如半夏、贝母、杏仁、桔梗、枇杷叶、罗汉果等。

5.利水渗湿药类

以通利水道、渗除水湿为主要功效的中药,称为"利水渗湿药",如茯苓、泽泻、金钱草、海金沙、石苇、草薢等。

6.祛风湿药类

以祛除肌肉、经络、筋骨风湿之邪,解除痹痛为主要作用的中药,称为"祛风湿药",如木瓜、秦艽、威灵仙、海风藤、昆明山海棠、雷公藤、络石藤、徐长卿等。

7.安神药类

以镇静安神为主要功效的中药,称为"安神药",如酸枣仁、柏子仁、夜交藤、远志等。

8.活血祛瘀药类

以通行血脉、消散瘀血为主要作用的中药,称为"活血祛瘀药",如鸡血藤、丹参、川芎、牛膝、益母草、红花、西红花等。

9. 止血药类

有制止体内外出血作用的中药,称为"止血药",如三七、仙鹤草、地榆、小蓟、白茅根、藕节、断血流等。

10. 补益药类

能补益人体气血阴阳不足,改善衰弱状态,以治疗各种虚症的中药,称为"补益药",如人参、西洋参、党参、黄芪、当归、白术、沙参、补骨脂、女贞子、绞股蓝等。

11. 治癌药类

用于试治各种肿瘤、癌症,并有一定治疗效果的中药,称为"治癌药",如长春花、喜树、茜草、白英、白花蛇舌草、半枝莲、龙葵、天葵、藤梨根、黄独、七叶一枝花等。

第三章
中草药与环境的关系

我国药用植物的人工栽培品种现已达200多种,遍及全国各地。各类药用植物对自然环境条件如光照、温度、水分、土壤等的要求往往有所差异,如人参喜冷凉气候,不耐高温,宜在我国北方生长。因此,要明确某一地区适宜种植哪些药材,首先要摸清当地的自然环境条件,其次是根据药材市场的供需情况,因地制宜地发展中药生产。切忌贪大求贵,盲目种植。

一、光　照

大多数绿色植物,必须在一定的阳光照射下进行光合作用,才能制造有机物质,积累有效成分。而各类药用植物对光照强度的要求亦各不相同,如薏苡、薄荷、菊花、山药、川芎、丹参、白芍、地黄、防风、元胡等宜种在向阳的环境,称"阳生植物";而人参、三七、黄连、黄精、玉竹、八角莲、细辛等宜种在阴凉的环境,称"阴生植物";还有许多植物,如贝母、郁金、百合、麦冬、莪术、白姜、党参、白术、牛膝等,在向阳或稍阴凉的环境下均能生长,称"中生植物"。喜光的阳生植物只有在阳光充足的条件下,才能生长充分,茎秆粗壮,叶片肥厚,干物质积累也较多;若光照不足,则植物的茎秆细长,叶片嫩黄,容易倒伏,药材的产量和质量都会受影响。而喜阴的植物,不耐阳光直射,因此,人工栽培时必须搭设棚架来调节荫蔽度,促使其正常生长发育。

二、温 度

药用植物从种子萌发、出苗、生长、发育直到开花结果,都对温度有一定的要求。不同种类的药用植物对温度的要求亦各不相同,如吉林人参,性耐寒,在-40℃的严寒下,仍能保持生命力;海南的砂仁,生长适温为22~23℃。一般药用植物在低于0℃时,不能生长;在0℃以上时,其生长的速度随温度的升高而加快;温度高于35℃时,植物的生长渐趋停止,植物趋于死亡。一般药用植物生长的最适温度为25℃左右。

三、水 分

在植物生命活动中,水是最重要的元素,因为水是植物细胞原生质的重要成分之一。植物体中水分含量最丰富,据测定,水约占植物体总重量的80%~90%。水分过多或过少,对植物体的生长发育均有不利影响。

不同种类的药用植物,对水分的需求也各不相同,如甘草、麻黄、芦荟、景天等具有发达的根系或茎叶为肉质,具有发达的薄壁组织,能储存大量的水分的植物,称为"旱生植物";又如莲藕、芡实、泽泻等,这些植物因输导组织简单,根的吸收能力很弱,宜在水田或池塘中生长,称为"水生植物";而黄连、细辛、秋海棠、蕨类等药用植物的抗旱能力较差,一旦缺水就会影响其生长发育,因此,必须在湿润或阴湿的环境中栽培,称为"湿生植物";大多数药用植物宜生长于干湿适中的环境,如白芷、白术、红花、牛膝、地黄、山药、丹参等,称为"中生植物"。在发展中药生产时要掌握各类药用植物对水的适应性能。同一种类的药用植物在不同的生长发育阶段对水分的要求也不一样。如种植薏苡要注意在苗期、拔节期、抽穗期、灌浆期浇足够的水,否则,土地干旱会导致作物严重减产。

四、土　壤

土壤是药用植物生长发育的场所和基础。土壤最基本的特性是具有肥力,因此能源源不断地供给植物生长发育时所需要的水分、养分和空气等。土壤是由固体、液体、气体三种物质组成的一种复杂的有机整体。固体部分组成了土壤的"骨架"。根据土壤黏性和沙性程度的不同,可将土壤分为黏土、沙土和壤土。

1. 黏土

土壤中黏粒占60%以上的为黏土。黏土结构致密,透气性差,易板结,一般不适宜种植药用植物。简易鉴别方法:将土壤用适量的水调和,能搓成条或弯曲成环状,加压无裂痕者为黏土。

2. 沙土

土壤中沙粒占90%以上的为沙土。沙土结构疏松,透气性强,因此,保水保肥能力差,土温变化剧烈,一般也不宜种植药材。简易鉴别方法:土壤用水浸湿后不能捏成团,一松即散者为沙土。

3. 壤土

土壤中含沙粒或黏粒介于以上两者之间的为壤土。壤土通气、透水、保湿保肥、供水供肥以及耕作等性能都较好,适宜种植大多数药用植物,尤其是根和地下茎类中药,如丹参、沙参、桔梗、贝母、元胡、山药、地黄、白术、牛膝等。简易鉴别方法:将土壤用适量的水调和,可捏成团、不能搓成条者为壤土。

土壤酸碱度是土壤的重要性质之一,通常用pH表示。土壤酸碱度的简易测定方法:将土壤加适量水溶解成土壤溶液,用广泛石蕊试纸测定,再与比色板对照。pH大于7的为碱性土,尝之有涩味;pH小于7的为酸性土,尝之有酸味;pH等于7的为中性土,不涩也不酸。大多数药用植物喜在中性或微酸性、微碱性土壤中生长。但少数植物,如厚朴、栀子、肉桂等,喜在酸性土中生长;而枸杞、酸枣、甘草则宜在碱性土中生长。

第四章
中草药的繁殖

一、无性繁殖

高等植物的一部分器官脱离母体后能重新分化发育成一个完整的植株,这一特性叫作植物的"再生作用"。营养繁殖就是利用植物营养器官的这种再生能力来繁殖新个体的一种繁殖方法,又称"无性繁殖"。营养繁殖的后代来自同一植物的营养体,它的发育不是个体发育的重新开始,而是母体发育的继续,因此,营养繁殖的后代开花、结实早,能保持母体的优良性状和特征。但是,营养繁殖的繁殖系数较低,有的种类如地黄、山药等长期进行营养繁殖容易引起品种退化。

常用的营养繁殖方法有以下几种:

1.分离繁殖

分离繁殖是指将植物的营养器官分离培育成独立新个体的繁殖方法。此法简便,成活率高。分离时期因药用植物种类和气候而异,一般在秋末或早春植株休眠期内进行。根据采用母株部位的不同,可分为分球繁殖(如番红花)、分块繁殖(如山药、白芨等)、分根繁殖(如丹参、紫菀等)、分株繁殖(如砂仁、沿阶草等)。

2. 压条繁殖

压条繁殖是指将母株的枝条或茎蔓埋压土中,或在树枝上用泥土、青苔等包扎,使之生根后,再与母株割离,培育成独立植株的繁殖方法。压条方法有普遍压条法、波状压条法、堆土压条法、空中压条法等。马兜铃、玫瑰、何首乌、蔓荆子、连翘等都可以用此法繁殖。

3. 扦插繁殖

扦插繁殖是指割取植物营养器官的一部分,如根、茎、叶等,在适宜条件下插入基质中,利用其分生机能或再生能力,使其生根或发芽,成为新的植株的繁殖方法。通常用木本植物枝条(未木质化的除外)扦插称为"硬枝扦插",用未木质化的木本植物枝条和草本植物扦插称为"绿体扦插"。

(1) 扦插时期 扦插的时期因植物种类、特性和气候特点而异。草本植物适应性较强,扦插时间要求不严,除严寒、酷暑外,其他时间均可进行;木本植物一般以在植物休眠期扦插为宜;常绿植物则适宜在温度较高、湿度较大的夏季扦插。

(2) 促进插条生根的方法

①机械处理:对于扦插不易成活的植物,可预先在其生长期间选定枝条,采用环割、刻伤、缢伤等措施在枝条上留下伤口,并使营养物质积累于伤口附近,然后剪取枝条扦插,可促进其生根。

②化学药剂处理:如丁香、石竹等植物的插条,下端用5%～10%的蔗糖溶液浸渍24小时后扦插,生根效果显著。

③生长调节剂处理:生产上通常使用萘乙酸、2,4-D、吲哚乙酸等处理插条,可显著缩短插条发根的时间,诱导生根困难的植物插条生根,提高插条成活率;如以0.1% 2,4-D 粉剂处理酸橙的插条,发根率达100%。

(3) 扦插方法 生产中应用较多的是枝插法。木本植物选一年生或二年生枝条,草本植物用当年生幼枝作插穗。扦插时将选取的枝条剪成10~20厘米的小段,上切面在节的上方微斜,下切面在节的稍下方剪成斜面,每段应保留2~3个芽。除留插条顶端1~2片叶(大叶只留半个叶片)外,摘除其余叶片。然后将插条插于插床内,插条上端露出地面的长度应占其全长的1/4~1/3,注意遮阴并经常浇水,保持插床内土壤湿润。插条成活后移栽。

4. 嫁接繁殖

嫁接繁殖是指把一种植物的枝条或芽接到其他带根系的植物体上,使其愈合生长成新的独立个体的繁殖方法。人们把嫁接用的枝条或芽叫"接穗",把下部带根系的植株叫"砧木"。嫁接繁殖能保持优良植物品种的性状,加快植物生长发育的速度,增强植物适应环境的能力等。药用植物中采用嫁接繁殖的有诃子、金鸡纳、木瓜、山楂、辛夷等。

嫁接的方法有枝接、芽接、靠接三种。

(1)枝接法 枝接法又可分为劈接、舌接、切接等形式,最常用的是劈接和切接。切接多在早春树木开始萌动而尚未发芽前进行。砧木直径以2~3厘米为宜,在离地面2~3厘米或平地处,将砧木横切,选皮厚纹理顺的部位垂直劈下,劈入的深度为3厘米左右,取长5~6厘米、带2~3个芽的接穗削成两个切面,插入砧木劈口,使接穗和砧木的形成层对准,扎紧后埋入土中。

(2)芽接法 芽接是指在接穗上削取一个芽片,嫁接于砧木上,接芽成活后萌发形成植株。根据接芽形状的不同可将芽接的方法分为芽片接、哨接、管芽接和芽眼接等,目前应用最广的是芽片接。在夏末秋初(7~9月份),选径粗0.5厘米以上的砧木,切一个"T"字形口,深度以切穿皮层、不伤或微伤木质部为宜。切面要求平直,在接穗枝条上用芽接刀削取盾形、稍带木质部的芽,插入砧木上的切口内,使芽片和砧木内皮层紧贴,用麻皮或薄膜等绑扎。

(3)靠接法 将两株准备相靠接的枝条,相对一面各削去形状大小一致、长 2~5 厘米的一片树皮,然后相互贴紧,用塑料带等绑扎结实即成。接穗成活后将其从母株上截下并单独移栽。

二、有性繁殖

有性繁殖又叫"种子繁殖"。一般通过种子繁殖出来的实生苗,对环境适应性较强,同时繁殖系数大。种子是一个处在休眠期的活的生命体。只有优良的种子,才能产生优良的后代。药用植物种类繁多,其种子的形状、大小、颜色、寿命和发芽特性都不一样。

1. 种子特性

(1)休眠 种子休眠是由于内在因素或外界条件的限制,种子暂时不能发芽或发芽困难的现象。种子休眠期的长短随植物种类和品种而异。种子休眠的原因主要有以下几个方面:一是种皮的障碍,有的种皮太厚太硬,或有蜡质,透水透气性能差,影响种子的萌发(如莲子、穿心莲等);二是后熟作用,这是由于胚的分化发育未完全(如人参、银杏等),或胚的分化发育虽已完全,但生理上尚未成熟(如桃、杏),以致不能萌发;三是在植物的果实、种皮或胚乳中存在抑制性物质,如氢氰酸、有机酸等,阻碍胚的萌芽。

(2)发芽年限 发芽年限是指种子保持发芽能力的年限。各种药用植物种子的寿命差异很大。寿命短的只有几天,如肉桂种子,一经干燥即丧失发芽力;当归种子、白芷种子的寿命不超过一年;多数药用植物种子的发芽年限为 2~3 年,如牛蒡、薏苡、水飞蓟、桔梗、红花等。储藏条件适宜可以延长种子的寿命,但是生产上还是以新鲜种子为好,因为隔年种子往往发芽率很低。

2. 种子处理

播种前进行种子处理是一项行之有效的增产措施。它可以提高种子品质,防治种子病虫害,打破种子休眠,促进种子萌发和幼苗健壮生长。种子处理的方法很多,可归纳为以下几类。

(1)化学物质处理

①一般药剂处理种子:用化学药剂处理种子,必须根据种子的特性,选择适宜的药剂和浓度,严格掌握处理时间,才能收到良好的效果。如甘草种子用硫酸处理可打破种皮障碍,提高种子的发芽率;明党参的种子用0.1%小苏打、0.1%溴化钾溶液浸30分钟后播种,种子可提早发芽10~12天,一般种子的发芽率可提高10%。

②生长调节剂处理:用赤霉素处理牛膝、白芷、防风、桔梗等植物的种子,均可提高种子的发芽率。

③微量元素处理:常用的微量元素有硼、锰、锌、铜、钼等。如桔梗种子用0.3%~0.5%高锰酸钾溶液浸24小时后播种,种子和根的产量均可获得提高。

(2)物理因素处理

①浸种:采用冷水、温水或变温交替浸种,不仅能使种皮软化,增强种皮的透性,促进种子萌发,而且能杀死种子内外所带病菌,防止病害传播。如穿心莲种子在约37℃温水中浸24小时后播种,种子发芽较早,其发芽率也高;采用冷水、热水交替浸种处理薏苡种子,对防止黑粉病的发生有良好的效果。

②晒种:晒种能促进某些种子后熟,提高种子的发芽率和发芽势,还能防止病虫害的发生。

③机械损伤处理:采用机械方法损伤种皮,能打破种皮障碍,促进种子萌发。如黄芪、甘草、穿心莲等植物的种子可用粗沙擦破种皮,再用温水浸种,可显著提高种子的发芽率。

④层积处理:层积法是打破种子休眠常用的方法,银杏、人参、黄连等植物的种子常用此法处理,以促进种子后熟。该方法是将种子和湿润的沙土混匀,然后置于较低温度下储藏。

⑤生物因素处理:生产上主要采用细菌肥料拌种。

3. 播种

(1) 土地准备 土地准备包括翻耕、整地、做畦等。翻地时要施基肥,施基肥对根类药用植物尤为重要;翻地后敲碎土块,以防种子不能正常发芽。根据植物特性和当地气候特点做畦,如在南方种植根类药材多采用高畦,畦的宽度以便于操作管理为准。

(2) 播种期 药用植物特性各异,播种期很不一致,但通常以春、秋两季播种为多。一般耐寒性差、生长期较短的一年生草本植物及没有休眠特性的木本植物宜春播,如薏苡、紫苏、荆芥、川黄柏等。耐寒性强、生长期长或种子需休眠的植物宜秋播,如北沙参、白芷、厚朴等。由于我国各地气候差异较大,同一种药用植物在不同地区的播种期也不一样,如红花在南方宜秋播,而在北方则多春播。每一种药用植物都有适宜的播种期,如当归、白芷在秋季播种过早,第二年植物易发生抽薹现象,造成其根部不能作药用,而播种过迟,则影响药用植物的产量甚至使其发生冻害。药用植物在生产过程中应注意确定适宜的播种期。

(3) 播种方法

①直播有穴播、条播、撒播三种方法,在播种过程中要注意播种密度、覆土深度等,如大粒种子宜深播,小粒种子宜浅播;黏土宜浅播,沙土宜深播。

②育苗移栽。杜仲、黄柏、厚朴、菊花、白术、党参、黄连、射干等药用植物的培育,宜采用先在苗床育苗然后将苗移栽于大田的方法。育苗移栽能提高土地利用率,方便管理,便于培育壮苗。

第五章 中草药的栽培技术措施

中草药的栽培应注意"三分种,七分管"。从药用植物种子的播种到药用植物的采收加工,整个过程,必须采取一系列的技术措施(如芍药要修根;白术、桔梗、地黄要摘花;菊花、红花要打顶、抹蕾;栽栝楼、金银花等要搭设支架),才能保证中草药的优质和高产。中草药栽培的主要管理环节包括:整地、做畦、灌溉与排水、施肥、中耕除草、整形与修剪等。

一、整地与做畦

大多数药用植物喜在土壤结构良好、疏松肥沃、酸碱度呈中性、排水良好的壤土中生长。但有些中药如人参、黄连等喜在含腐殖质丰富的森林腐殖土中生长;白术、贝母、肉桂、栀子等喜在酸性或微酸性土壤中生长;枸杞、甘草等喜在碱性土中生长;蔓荆子、北沙参等喜在河边的沙土中生长。因此,要根据植物本身的生长习性和生物学特性,因地制宜,选择适宜的土壤来栽培。

栽培植物前必须翻耕土壤,然后将土壤耙细、整平,进行做畦或做垄。适当对土壤进行深耕,能增加药用植物的产量,土壤的深耕对深根性中草药如党参、白芷、牛膝等尤为重要。深耕结合施肥,尤其是施足有机肥,不仅能改善土壤的物理性状,而且可以促进土壤熟化,提高土壤的肥力。

做畦方式根据植物的生长特性和地区的地理条件来确定。高畦的畦面通常比步道高15~20厘米。栽培根及地下茎类药用植物或降水多、地势低洼、排水不良的地区做畦时多采用高畦。平畦的畦面和步道相平,四周作成小土埂,其保水性较好,适用于地下水位较低、土层深厚、排水良好的地区。低畦的畦面低于步道10~15厘米,在地下水位低或干旱的地区做畦,栽培喜湿的药用植物时多采用低畦。

二、灌溉与排水

水分是植物生长的基本条件。在自然降水不足时,需要进行人工灌溉。一般植物最需要水分的时期,是茎枝急速生长时期。花、果类药用植物,在开花期及果熟期一般不宜灌水,否则容易引起落花落果。雨水过多的时候,要及时进行排水,栽培根及地下茎类药用植物尤其应注意排水,否则易引起烂根。对于多年生药用植物,为了使其能够安全越冬,不致因冬旱而造成冻害,应在土地结冻前灌一次"封冻水"。

三、施 肥

肥料可分为有机肥和无机肥。有机肥包括人畜粪尿、饼肥、厩肥、堆肥、火土灰以及绿肥等,其特点是肥效慢而持久,养分完全,能显著增加土壤中的有机质,改善土壤结构。有机肥一般都作基肥使用,以供应植物整个生育期的需求。其中厩肥和堆肥多在晚秋或早春整地前翻耕入土;饼肥则在播种或定植前进行沟施或穴施。栽培根及地下茎类药用植物时,应多施用有机肥。无机肥的特点是分解快,极易被植物吸收,为速效性肥料,一般多在植物生长期间作追肥。种植一年生或二年生的全草类药用植物时,在苗期要多追施氮肥,促使植物的茎叶生长;在植物生长后期可配合施用磷肥、钾肥。对于多年生和根及地下茎类药用植物,追肥次数要少,一般第一次追肥宜在春季植物开始生长后进行,第二次在开花前,第三次在开花后,冬季要重施"腊肥"。对于木本花、果、种子类药用植物,化肥应在秋季树木进入休眠期前与有机肥一起施入,这样效果较好。因为树木在萌芽、生长时和开花前后所需要的养分,主要依靠前一年储藏在树体内的有机养分,又因树体内养分的积累是在新梢停止生长和果实采收后进行的,所以,秋季施用速效化肥尤其是氮肥,可提高叶子光合作用的效率,增强根系吸收和合成养分的能力,利于树体内养分的积累,为下一年的丰产打下物质基础。

四、中耕除草

中耕可以使土壤疏松,提高土壤保水保肥的能力,促进植株根系发育;除草既可减少养分无谓的消耗,又可使植株接受充足的光照,防止病虫的滋生、蔓延。因此,除草要求彻底、及时,并以不伤植株根系为原则。

对于根系分布在土壤表层的药用植物,如延胡索、紫菀、射干、贝母等,中耕宜浅;而对于牛膝、党参、芍药、白芷等深根植物,中耕宜深。

有些药用植物在中耕除草后,还要进行培土。芍药培土可保护芽头;半夏培土可促进其生根;红花、菊花培土可防止其倒伏;黄连则要年年培土,以使其每年都可生成茎节,呈"鸡爪形"。

五、整形与修剪

整形是对木本植物的某些器官,如芽、干、枝、叶、果、花、根等进行剪截、疏除或其他处理,使枝条分布均匀,充分利用栽培空间的通风和采光条件,在树冠的上下内外形成立体结果的结构,以达到连年丰产、稳产的目的。如山茱萸、紫玉兰、酸橙等,可根据其不同的生长和结果习性,剪成自然开心形或疏散分层形等丰产树形。

对幼年树的整形修剪,一般应着重培养树冠主要的骨干枝,使其提早进入结果期,形成早期丰产;对于成年树,则应促使其每年都能抽生出强壮充实的营养枝和结果枝,以提高果树的结果能力;对于老年树,应着重于枝条的更新,以使其恢复生长,增强结果的能力。

整形是通过修剪来实现的。凡是扰乱树形的交叉枝、徒长枝、密生枝及病虫枝等,均应及时剪除,以免病虫害继续蔓延或造成养分的浪费。春季开花的植物,花芽大多在头年生的枝条上生成,因此,冬季不宜重剪,如梅、紫玉兰、山茱萸等,只能在休眠期剪除无花芽的秋梢,待其开花结果后方可修剪,以促使其萌发新梢,形成第二年的花果枝。在当年生枝条上开花的植物,如木芙蓉、月季、玫瑰、枸杞等,则可在休眠期进行重剪,促进其多发新梢,多开花结果。植物生长期的修剪多采用打顶、抹芽、去花蕾等措施,以促进植物多分枝或减少无谓的养分消耗,从而提高单株植物的产量,如菊花要打顶,白术要除蘖摘蕾,桔梗要除花,乌头要抹除侧芽等。

第六章
中草药常见病虫害及其防治

病虫害及其防治是药用植物栽培过程中最为关键的环节。药用植物种类繁多且受环境因素的影响较大,栽培生产中多采用粗放管理,导致长期以来病虫害及其防治问题十分突出,成为影响药用植物产量和中药品质的重要因素。因此,加强药用植物的规范化管理,重视病虫害的有效防治,是保证药用植物高产、优质、高效的关键措施。

一、常见病害及其防治

1. 根腐病

根腐病发病初期,植物的须根、支根变褐腐烂,而后病害逐渐向主根蔓延,最终全根腐烂,地上茎叶自下向上枯萎,全株枯死。根腐病的发病原因常与地下线虫、根螨的为害有关,在土壤黏度重、田间积水过多时,植物病情严重。黄芩、丹参、菘蓝、黄芪、太子参、芍药和党参等易感染此病。

防治方法:播种前用丙线磷等杀虫药剂撒施整地,防治地下害虫,同时施腐熟有机肥,以增强植株的抗病能力;根腐病发病初期可用甲基托布津或多菌灵800~1000倍液灌根;雨后及时排水。

2. 白绢病

植物受害后,常在近地面的根处或茎基部出现一层白色绢丝状物,严重时腐烂成乱麻状,最终叶片枯萎、全株死亡。植物常在雨季或土壤受渍条件下发病。此病为害黄芪、桔梗、白术、太子参和北沙参等。

防治方法:将药用植物与禾本科作物轮作或用多菌灵、甲基托布津溶液浸种来消毒。

3. 立枯病

最初是幼苗基部出现褐斑,进而扩展成绕茎病斑,病斑处失水干缩,最终幼苗成片枯死。此病为害黄芪、杜仲、人参、三七、白术、北沙参、防风和菊花等。

防治方法:降低土壤湿度,及时拔除病株,并用多菌灵等处理土壤,喷药以预防其他健株感染。

4. 枯萎病

植物受害后,下部叶片失绿,继而变黄枯死。在重茬地、排水不良的黏土地上生长的植物病情较为严重。黄芪、桔梗和荆芥等常感染此病。

防治方法:将药用植物与禾本科作物轮作,在发病初期可用多菌灵、甲基托布津等药剂喷洒受害植物。

5. 菌核病

植物受害后,幼苗基部产生褐色水渍状病斑,幼苗很快腐烂、倒苗、死亡。病变部位后期出现的黑褐色颗粒即为"菌核"。菌核病为害丹参、人参、白术、半夏、川芎等。

防治方法:除实行轮作外,还要在发病中心撒施石灰粉,用多菌灵或禾枯灵水溶液喷洒受害植物。

二、常见虫害及其防治

1. 蚜虫

蚜虫一般在4～9月份发生,4～6月份虫情严重,立夏前后,特别是阴雨天时,虫害蔓延很快。蚜虫的种类很多,形态各异,体色有黄、绿、黑、褐、灰等,为害时多聚集于叶、茎顶部柔嫩多汁部位,吸食汁液,造成植株叶子卷缩,生长停止,叶片变黄、干枯。蚜虫为害多种药用植物。

防治方法:彻底清除杂草,减少蚜虫迁入的机会;在虫害发生期可用40%乐果1000～1500倍液或灭蚜松(灭蚜灵)1000～1500倍液喷杀蚜虫,可连喷多次,直至将蚜虫全部杀灭。

2. 蚧壳虫

蚧壳虫有粉蚧壳虫和蜡蚧壳虫两种。蚧壳虫主要为害三七等中草药。蚧壳虫一般在每年6月份开始从卵中孵化,大雨后若虫从地面爬上茎秆为害;7月份以后为害花轴和小叶柄;8～10月份虫情严重。虫体附着在茎秆、花轴、小花轴上吸取汁液。植株被害后生长不良,小花萎黄,严重时出现干花和小果干枯、脱落的现象。

防治方法:在虫害发生期,应加强检查,发现植株上有虫体时,应及时消灭害虫;在蚧壳虫幼龄期用多灭灵600～800倍液喷杀害虫;虫情严重时,用敌敌畏1000倍液喷洒受害植株及虫体,可每隔5～7天喷1次,连续喷3次。

3. 地老虎

地老虎又名"土蚕"、"截蚕",多发生于多雨潮湿的4～6月份。幼虫以茎叶为食,常咬断嫩茎,造成缺苗断垄;虫体稍大后,则钻入土中,夜间出来活动,咬食幼根、细苗,破坏植株生长。地老虎为害的药用植物很多,常见的有枸杞、当归、白术、桔梗、地黄、山药等。

防治方法:粪肥需经高温堆制,充分腐熟后再施用;3月份下旬至4月份上旬,铲除地边杂草,清除枯落叶,消灭越冬幼虫和蛹;用75%辛硫磷乳油按种子量的0.1%拌种;日出前检查被害株苗,挖土捕杀害虫;虫害严重时,用75%辛硫磷乳油700倍液灌穴,或喷洒90%晶体敌百虫600倍液杀虫。

4. 天牛

5月份天牛成虫出土,在被害植株枝条上端的表皮内产卵,幼虫先在表皮内活动,以后钻入木质部,向基部蛀食,秋后钻到茎基部或根部越冬。植株受害后,逐渐衰老枯萎,乃至死亡。

防治方法:天牛成虫出土时,用80%晶体敌百虫1000倍液灌注花墩;于成虫产卵盛期,每7～10天喷1次50%辛硫磷乳油600倍液,或50%磷胺乳油1500倍液,连续喷数次;发现虫枝,剪下虫枝并集中烧毁;将80%敌敌畏原液浸过的药棉塞入虫洞,用泥封住洞口,以毒杀幼虫;用钢丝插入新的虫洞刺杀幼虫。

5. 红蜘蛛

7～8月份高温干燥的天气有利于红蜘蛛繁殖,红蜘蛛的种类很多,一般体形微小、外壳为红色,多聚集于植株背面吸取汁液。叶面被害初期呈红黄色,后期严重时则全叶干枯,花、幼果也会受害。红蜘蛛的繁殖能力很强,为害的药用植物很多,常见的有三七、当归、地黄、酸橙、红花、川芎等。

防治方法:在虫害发生期可用50%三氯杀螨砜1500倍液或25%杀虫脒200～300倍液、40%乐果乳油1500倍液喷洒以杀灭害虫。

6. 木蠹蛾

7月份上旬至8月份上旬,木蠹蛾以幼虫先蛀入被害植株的细枝,幼虫稍大后转蛀粗枝和主枝梢部,常将枝梢蛀出孔洞,孔洞周围呈黑褐色,造成枝条折断,虫情严重时植株上部的枝条枯死。

防治方法:悬挂黑光灯诱捕成虫;及时剪除虫枝,集中烧毁;用90%晶体敌百虫800倍液喷洒以杀灭害虫,一般每7天喷1次,连续喷3次。

7. 钻心虫

钻心虫1年可繁殖4～5代,以幼虫钻入植株的叶、根、茎、花蕾中为害,可严重影响药用植物的产量和质量。

防治方法:在成虫盛期,选在无风的晚上用灯光诱杀成虫;卵期及幼虫初孵化未钻入植株前用90%晶体敌百虫500倍液或40%乐果乳油3000倍液喷洒以杀灭虫卵和幼虫。

8. 刺蛾

刺蛾又名"洋刺子",一般虫害多在6月份上旬至9月份发生,刺蛾的幼虫主要为害植株的叶片。初龄幼虫有群集性,虫情严重时,可导致幼树枯死。成蛾有趋光性。

防治方法:冬春以敲、掘等方式清除虫茧;喷施孢子含量约为100亿/克的青虫菊粉剂500倍液以杀灭害虫。

9. 黄守瓜

黄守瓜为害植株的叶、幼芽以及根部。幼虫在土中为害植株的根部,使植株的地下部分枯死;成虫咬食叶片,影响植物生长。

防治方法:5月份成虫快产卵时,用谷壳和木屑共约5千克,拌柴油约 0.5 千克,铺撒于植株周围,以防成虫产卵;成虫为害时,早晨人工捕杀成虫,或喷洒 90% 晶体敌百虫 1000～2000 倍液或 80% 敌敌畏 1000～1500 倍液以杀灭害虫。

第七章 中草药的采收与加工

一、中草药的采收

中草药的采收是否合理直接影响药材的产量、质量和效益。

(一)中草药采收的基本原则

1. 采收部位(典型种子植物的六大器官:根、茎、叶、花、果实、种子)

中草药按药用(采收)部位可分为以下几类:

根和根茎类:如大黄、何首乌、贝母、黄精等。

茎类(茎、枝、茎刺、茎髓):如苏木、桑枝、忍冬藤、皂角刺等。

皮类:如黄柏、厚朴、杜仲、五加皮等。

叶类:如银杏叶、侧柏叶等。

花类:如槐花、红花、金银花等。

果实和种子类:种子类如车前子、菟丝子等;果实类如五味子、枳壳、草果等。

全草类:如益母草、淫羊藿等。

树脂类:如乳香、阿魏等。

其他:如冬虫夏草、海金沙、五倍子等。

2. 采收期

中草药在生长发育过程中,其药效物质(包括营养成分)有个动态积累的过程,选择在药效成分积累高峰时采收,中草药的产量和质量都较高,农民收益最高。"三月茵陈四月蒿,五月割来当柴烧"、"适时是宝,过时是草"等谚语都说明适时采收的重要性。

不同中草药采收的一般(基本)原则:

(1)根和根茎类 根和根茎作药用的中草药一般选择在秋末和春初采收。

例外:半夏、贝母、延胡索等宜在夏季采挖。白头翁的总皂甙含量在开花前占8.39%,开花期占5.78%,开花后占4.69%,故白头翁宜在夏初或夏季采挖。

(2)皮类 皮作药用的中草药一般选择在春夏之交采收或秋季采收。

(3)茎类 茎作药用的中草药一般选择在秋冬季采收,或全年(心材)及秋季(带叶)采收。

(4)叶和全草类 叶作药用的中草药多选择在夏季植株生长最旺盛时至花开但种子未成熟时采收。

例外:桑叶的总黄酮含量在7月份最低,10月份最高,故桑叶宜霜后采收(冬桑叶)。

全草作药用的中草药多在夏季花蕾期采收。

例外:垂盆草的垂盆草甙含量从4月份到10月份逐渐增高,其浓度可从0.1%升到0.2%,故垂盆草宜在10月份采收。

(5)花类 花作药用的中草药一般选择在花朵含苞欲放时采收。

例外较多,如:

①旋复花、菊花等常选在花朵盛开期采收。

②红花常选在花开放后第三天采收。

③杭菊花常选在花开程度约70%时采收,此时花的总产量高,色

泽好。

(6) **果实和种子类** 果实作药用的中草药一般选择在果实近成熟或成熟时采收。

例外：

①青皮、青果等在果实未成熟时或幼果期采收。

②山茱萸在果实经霜变红后采收，过早采收则果实仍为青绿色；川楝子在果实经霜变黄后采收。

种子作药用的中草药应在种子完全成熟后采收。

(7) **其他** 根据中草药具体的情况，确定采收时间。

(二)适宜采收期的确定

确定适宜的采收期须依据两个时间：一是有效成分积累达最大值的时间；二是药用部位生物产量达最大值的时间。

(三)适宜采收季节的确定

1.有效成分积累高峰与药用部位生物产量一致(质量与产量成正相关)

如：红花——选择在花开放后第三天花由黄转红时采收。红花含红花苷、新红花苷、醌式红花苷等成分。

红花开放初期：新红花苷(无色)和红花苷(黄色、微量)——花瓣呈淡黄色。

红花开放中期：主要为红花苷——花瓣呈深黄色。

红花开放后期：红花苷转化为醌式红花苷——花瓣呈红色或深红色。

2. 有效成分积累高峰与药用部位生物产量不一致(质量与产量成非正相关)

如:薄荷叶挥发油的含量在花蕾期最高,薄荷叶的产量在开花后最高。

又如:山道年蒿中山道年的含量在开花前最高,开花后或果期含量甚微。有效成分总量的计算公式如下:

有效成分总量＝药材产量/单位面积×有效成分含量(%)

(四)适宜采收年限和季节的确定

适宜采收年限和季节根据中草药具体情况来确定。
例1:普通人参栽培6年左右可采收。
例2:牡丹栽培3年以上可采收。

二、中草药的产地初加工

(一)产地加工的目的和任务

(1)降低或消除中草药的毒性或副作用。
(2)有利于中草药的储藏以及保持有效成分。
(3)煎出中草药的有效成分,有利于制剂。
(4)改变或缓和药性。
(5)对中草药的成分进行提纯,除去杂质和非药用部分。

(二)各类药材的产地加工方法

1. 根和根茎类中草药

此类中草药在采挖后,一般只需洗净泥土,除去非药用部分,如须根、芦头等,然后分大小,趁鲜切片、切块、切段,最后晒干或烘干即可,此类中草药常见的有丹参、白芷、前胡、柴胡、防己、虎杖、牛膝、漏芦、射干等。

对一些根或茎为肉质、含水量大的根和根茎类中草药,如百部、天冬、薤白等,干燥前先用沸水略烫一下,切片后再晒,则较容易干燥。

有些中草药如桔梗、半夏等,须趁鲜刮去外皮再晒干。

明党参、北沙参等应先入沸水烫一下,再刮去外皮,洗净,晒干。

对于浆汁丰富、淀粉含量高的何首乌、黄精、天麻等中草药,采收后应立即洗净,趁鲜蒸制,然后切片晒干或烘干。

此外,有些中草药需进行特殊的产地加工,如浙贝母、白芍、元胡等。

2.皮类中草药

此类中草药一般在采收后,趁鲜切成大小适宜的块片,晒干即可。但有些品种采收后应先除去栓皮,如黄柏、椿树皮、刮丹皮等。厚朴、杜仲等应先入沸水中微烫,取出堆放,让其"发汗",待内皮层变为紫褐色时,再蒸软,刮去栓皮,切成丝、块丁或卷成筒状,晒干或烘干。

3.花类中草药

为了使花类中草药保持颜色鲜艳、花朵完整,此类中草药在采摘后,应置通风处摊开阴干或在低温条件下迅速烘干,如玫瑰花、月季花、金银花、野菊花等。

4.叶和全草类中草药

此类中草药采收后,可趁鲜切成丝、段或扎成一定重量及大小的捆把,然后晒干,如枇杷叶、石楠叶、仙鹤草、凤尾草等。对气味芳香、含挥发性成分的中草药,如荆芥、薄荷、藿香等,宜阴干,忌晒,以避免有效成分的损失。

5.果实和种子类中草药

此类中草药一般在采摘后直接干燥即可,但也有的需经过烘烤、烟熏等加工过程。如乌梅,采摘后先分档,然后用火烘或焙干,最后闷2~3天,使其颜色变黑。杏仁应先除去果肉及果核,取出籽仁,晒干。山茱萸采摘后,先放入沸水中煮5~10分钟,捞出,捏出籽仁,然后将果肉洗净、晒干。宣木瓜采摘后,趁鲜纵剖成两瓣儿,置笼屉蒸10~20分钟,取出后反复晾晒至干即可。

第二篇 各 论

第一章 根和根茎类中草药

一、桔 梗

1. 概述

桔梗为桔梗科植物桔梗的干燥根,又名"大药"。桔梗性平,味苦、辛,具有宣肺、利咽、祛痰、排脓的功效。据2010版《中华人民共和国药典》(以下简称"《药典》"),其化学成分按干燥品计算,含桔梗皂苷D($C_{57}H_{92}O_{28}$)不得少于0.100%。桔梗主要产于山东、江苏、安徽、浙江、四川等地,在全国各地均有分布。

2. 形态特征

桔梗为多年生草本植物,全株光滑,高40~50厘米,体内具白色乳汁。根肥大、肉质,呈长圆锥形或圆柱形,外皮为黄褐色或灰褐色。茎直立,上部稍分枝。叶近无柄,于茎中部及下部对生或3~4叶轮生;叶片呈卵状披针形,边缘有锐锯齿;上端的叶小而窄,互生。花单生或数朵呈疏生的总状花序;花萼呈钟状,先端有5裂;花冠呈阔钟状、蓝色或蓝紫色,有5枚裂片;雄蕊5枚,与花冠裂片互生;子房下位;柱头有5裂,密被白色柔毛。蒴果呈倒卵形,先端有5裂,每室含多数种子。种子呈卵形,褐色或棕黑色,具光泽。花期为7~9月份,果期为8~10月份。

3.生长习性

桔梗对气候环境要求不严,能耐寒,生长环境以温和湿润、阳光充足、雨量充沛的环境为宜,以土层深厚,疏松肥沃,排水良好且富含腐殖质和磷、钾的中性沙质壤土地块栽培为佳。追施磷肥可以提高桔梗根的折干率。桔梗喜阳光,耐干旱,在低洼、积水之地不宜种植。

桔梗的种子在10℃以上时开始发芽,发芽的适宜温度为20~25℃。一年生种子俗称"娃娃籽",发芽率为50%~60%。生产上多用二年生种子,其发芽率可达85%左右,出芽快且齐。种子寿命通常为一年。

4.栽培技术

(1)选地整地 选择阳光充足、土层深厚、排水良好的沙质壤土地块。选地后,一般每亩①施土杂肥或圈肥3000千克,加过磷酸钙和饼肥各50千克或磷酸二铵15千克,均匀撒于地上,深耕土壤约35厘米,将土地整平、耙细,做约1米宽的平畦,长短依地形而定。

(2)繁殖方法 繁殖方法为种子繁殖。生产中一般采用直播,也可采用育苗移栽。

①直播。桔梗种子细小,千粒重约1.5克,发芽率在85%左右,在温度为18~25℃、湿度适宜的情况下,播种后10~15天出苗。

播种时期:冬播或春播。冬播于11月份至第二年1月份进行,春播于3~4月份进行。桔梗以冬播为好。

播种方式:一般采用撒播方式。

冬播时,将种子用潮湿的细沙土拌匀,撒于畦面上,用扫帚轻扫

---

① 1亩约等于666.7米^2。

一遍,以不见种子为度(即覆土厚度为 2.5～3 毫米),稍作镇压。采用冬播的方法,第二年春季种子出苗较早而且整齐。

春播时,若要使出苗整齐,必须对种子进行处理,或播种后在地面上盖草保湿。处理方法:将种子置于约 30℃的温水中浸泡 8 小时后捞出,用湿布包上,放在室温为 25～30℃的地方,上面用湿麻布盖好,进行催芽,每天用温水冲滤一次。约 5 天时间,种子萌动后即可播种。播种方法同冬播。在播种后保持土壤湿润,一般种子 15 天左右出苗。每亩用种量约为 2.5 千克。

②育苗移栽。

育苗:桔梗育苗移栽一般选择在 4～6 月份。移栽过早,桔梗苗小,会影响苗的质量;移栽过晚,会因苗过大而影响移栽。一般每亩用种量为 10～12 千克。

具体方法:选择既不在高坡也不在低洼处的地块,最好选择排水良好的地块。土地要精耕细作,施足底肥,最好深翻一尺半以上,整好畦面,以利于干旱时喷灌水;而后将桔梗种子拌好细土均匀地撒播,地面稍作镇压,覆盖杂草,保持土壤湿润,一般 10～12 天种子即可出苗;待出齐苗后,选择阴雨天除去覆盖物,以利于幼苗生长。

移栽:幼苗生长期为 1 年左右。幼苗移栽于当年秋、冬季至第二年春季萌芽前进行,选择一年生直条桔梗苗,按大小分级,分别栽植。移栽时,在整好的栽植地上,按行距 20 厘米左右开深约 25 厘米的沟,然后将桔梗苗呈约 75°角斜插入沟内,株距 6～8 厘米,覆土压实,覆土的厚度以高于苗头 3 厘米左右为宜。

(3)田间管理

①中耕除草、间苗、定苗。桔梗出苗后,进行除草,在苗长至 4 片真叶时,间去弱苗,苗长至 6～8 片真叶时,按株距 4～9 厘米定苗。在土地干湿适宜时进行浅松土,保持土壤疏松,田间无杂草。

②水肥管理。6～9 月份是桔梗生长旺季,6 月份下旬至 7 月份视植株生长情况适时追肥,肥料以人畜粪为主,配施少量磷肥和尿

素。无论是直播还是育苗移栽,天气干旱时都应浇水。由于桔梗怕积水,因此,在高温多湿的梅雨季节,应及时清沟排水,防止因积水而导致烂根。

③打顶、摘花。桔梗花期长达4个月,开花对养分的消耗相当大,不利于根部的生长,又易促使侧枝萌发。因此,摘花是提高桔梗产量的一项重要措施。对于一年生或二年生的非留种用植株,一律除花,以减少养分消耗,促进地下根的生长。在盛花期喷施约1毫升/升的乙烯利1次,可基本上达到除花的目的,其产量比不喷施者增加45%。对于二年生留种植株,可于苗高约10厘米时进行打顶,以增加果实的种子数和种子的饱满度,提高种子的产量和质量。

(4)病虫害防治

①根腐病。此病为害桔梗根部。植株受害初期,根部出现黑褐色斑点;受害后期,根部腐烂乃至全株枯死。

防治方法:用多菌灵1000倍液浇灌病区;雨后注意排水,田间不宜过湿。

②根结线虫病。受害植株根部有瘤状突起,地上茎叶早枯。

防治方法:可于播种前用二溴氯丙烷进行土壤消毒。

③紫纹羽病。受害植株根部初期变红,密布网状红褐色菌丝,后期形成绿豆大小的紫褐色菌核,茎叶枯萎死亡。

防治方法:忌连作;拔除病株并烧毁,病穴用石灰水消毒。

④白粉病。此病主要为害叶片。植株发病时,病叶上布满灰色粉末,病情严重时全株枯萎。

防治方法:在发病初期,用波美0.3度石硫合剂或白粉净500倍液喷施或用20%粉锈宁粉剂1800倍液喷洒地面。

⑤蚜虫。蚜虫在植株嫩叶及新梢上吸取汁液,导致叶片发黄,植株萎缩,生长不良。6~7月份虫情严重。

防治方法:用40%乐果乳油1500倍液喷施,每7~10天喷1次,连续喷3次。

⑥拟地甲虫。此虫主要为害植株根部。

防治方法:可在5~6月份拟地甲虫处于幼虫期时用90%晶体敌百虫800倍液或50%辛硫磷1000倍液喷杀害虫。此外若有蝼蛄、地老虎和蛴螬等为害,也可用敌百虫毒饵诱杀害虫。

5.采收与产地加工

(1)采收 桔梗一般在播种后2~3年或移栽当年收获,于秋末或春天萌芽前进行采收。秋采的桔梗重量较重,质地坚实,质量较佳。当地上茎叶枯萎时即可采收,采收过早,则根部尚未充实,折干率低,影响产量;采收过迟,则不易剥皮。

(2)产地加工 挖取根条,除去泥土、芦头、须根,浸于水中后,趁新鲜用碗片、木棱或竹刀等刮去根条的外皮,洗净,然后晒干或烘干。晾晒时要经常翻动,近干时可堆起来进行1天的"发汗",使根条内部水分外渗,再晒至全干,即成商品。

桔梗成品以断面色白或略带微黄、具菊花纹者为佳。

二、白 芍

1.概述

白芍为毛茛科植物芍药的干燥根。白芍味苦、酸,微寒,归肝、脾经,具有平肝止痛,养血调经,敛阴止汗的功效。据2010版《药典》,其化学成分按干燥品计算,含芍药苷($C_{23}H_{28}O_{11}$)不得少于1.600%。白芍主产于浙江东阳、安徽亳州、四川中江、山东菏泽等地,分别称为"杭白芍"、"亳白芍"、"川白芍"、"菏泽白芍";白芍以安徽亳州的产量最大,浙江产的质量最佳。

2.形态特征

白芍为多年生草本植物,高40~80厘米。根粗壮,常呈圆柱形,外皮棕褐色。茎直立，上部分枝，呈淡绿色，略带淡红色。叶互生，下部叶为二回三出复叶，上部叶为三出复叶，小叶片呈长卵圆形至披针形，先端渐尖，基部呈楔形或偏斜，叶为全缘，叶边缘具骨质白色小齿，叶柄较长。花朵较大，呈白色或粉红色，数朵聚生于花枝的顶端或叶腋。种子黑褐色，呈椭圆状球形或倒卵形。花期为5～7月份，果期为6～8月份。

3. 生长习性

白芍喜温暖湿润气候，耐严寒。白芍宜在排水良好、土层深厚、疏松肥沃、富含腐殖质的沙质壤土地块上栽培，不宜在盐碱土、黏土及低洼地上栽培。白芍喜阳光，背阴或荫蔽度大会导致其生长不良，产量不高。白芍忌连作，可与红花、菊花、紫菀或豆科作物等轮作。

4. 栽培技术

(1) 选地整地 一般选择土层深厚、排水良好、疏松肥沃的沙质壤土地块栽培白芍。白芍是深根性植物，栽后需经3～4年才能收获，故栽种前一定要将土地精耕、细耙，前作收获后，将土壤深翻40厘米以上，进行烤坯。栽种前施足基肥，一般每亩约施入土杂肥约1000千克、饼肥约100千克、过磷酸钙约50千克，再浅耕1次，将土地整细、耙平，做成宽约1.3米的高畦。畦沟宽约30厘米、深约20厘米，四周开好排水沟。

(2) 繁殖方法

①分根繁殖。在收获时，先把白芍根部从芽头着生处全部割下，用于加工成药，所遗留的即为"芽头"。选择形状粗大、不空心、无病虫害的芽头，按其大小和芽的多少，切成数块，每块应有芽苞2～3个，作种苗用。一般1亩白芍所得的芍芽可栽4～5亩，种芽最好能随切随栽，这样能够提高种芽的成活率。如不能随时栽种，可切开芽头，将整个芽头沙藏备用。

②种子繁殖。白芍种子一般在8~9月份成熟。将健壮的种子采下,随即播种,或用湿沙混拌后储藏至9月份中下旬播种,不能晒干,否则种子不出苗。在整好的畦上开沟条播,沟深约3厘米;将种子均匀撒入沟内,覆土踩实,再覆土6~10厘米,每亩播种量为3.5~4千克。第二年5月份上旬扒去覆土,种子半月后即可出苗,待幼苗生长2~3年后定植。

③栽种。栽种宜于8~10月份进行。栽种前将芍芽按大小分级,然后分别下种,有利于出苗整齐。按行距约60厘米、株距约40厘米挖穴栽种。穴内要撒施毒饵,以防治地下害虫。毒饵与底土拌匀后,每穴栽芍芽1~2个,芽头向上摆于正中,然后覆土,使土面稍高出畦面,呈馒头状,最后顺行培垄,注意防寒越冬。每亩可栽种2200~2500株白芍。

(3)田间管理

①中耕除草。栽后第二年早春开始中耕除草,尤其是一年生或二年生幼苗,要见草就除,以防止草害。中耕宜浅不宜深,要做到不伤根。

②追肥。白芍喜肥,所以,除施足基肥外,应从栽后第二年开始每年至少追肥3次。3月份结合中耕除草,每亩施人畜粪水1500千克左右,5~6月份每亩施人畜粪水约2000千克,12月份每亩施人畜粪水约2000千克和饼肥约20千克。从第三年开始,每次施肥要加施过磷酸钙和饼肥各15~20千克。在5~6月份白芍生长旺期和开花期,可用0.3%磷酸二氢钾溶液进行根外追肥,这样增产效果比较明显。

③灌水、排水。土地严重干旱时应适当灌溉。多雨季节应注意排除田间积水,以免引起烂根。

④培土、晾根。每年10月份下旬,将白芍枯死枝叶剪去,并于根际培土约15厘米厚,以保护芽头不受损害,保障其安全越冬。从栽后第二年冬季开始,每年当芍芽长出土层3.3~6.6厘米高时,把根

部的土壤扒开,使根部露出一半,晾晒7~10天,晒死部分须根,使养分集中于主根,促进主根生长。

⑤摘花蕾。除留种植株外,其余植株应于第二年春季现蕾时摘除全部花蕾,使养分集中于根部,促进根部生长,有利于增产。

(4)病虫害防治

①白绢病。感病植株基部,先发生黑褐色湿病,随后在土表及植株基部,出现白色菌丝体,最终植株腐烂死亡。

防治方法:整地时每亩用1千克五氯硝基苯翻入地内,进行土壤消毒;拔除病株,并在病穴撒施石灰粉;白绢病发病前,定期喷50%多菌灵可湿性粉剂500倍液。

②锈病。此病主要为害叶片,一般5月份上旬发生,7~8月份病情严重。植株发病时叶背生有黄色至黄褐色的颗粒状物,后期叶背在夏孢子堆里长出暗褐色的刺毛状物。

防治方法:选地势高燥、排水良好的土地栽培白芍;消灭病株;发病初期喷0.3~0.4度波美石硫合剂或97%敌锈钠400倍液,每7~10天喷1次,连续喷洒多次。

③叶斑病。此病常发生在夏季,主要为害叶片,病株叶片早落,生长衰弱。

防治方法:及时清除病叶;发病前喷洒1:1:100波尔多液或50%退菌特800倍液,每7~10天喷1次,连续喷洒多次。

④根腐病。此病多发于夏季多雨时期,为害植株根部。

防治方法:选健壮的芍芽作种;发病初期用50%多菌灵800~1000倍液灌根。

⑤虫害。虫害主要有蛴螬、地老虎等,一般为害植株根部,5~9月份发生。

防治方法:用90%晶体敌百虫1000~1500倍液浇灌根部杀虫,也可用甲拌磷兑水拌菜籽饼粉,于傍晚撒施诱杀成虫。

此外,白芍病害还有灰霉病、软腐病等,可采用增施磷肥、钾肥的方法,增强植株抗病能力。灰霉病可在发病初期用12%绿乳铜600倍液防治病害,或每亩用15%粉锈宁0.15～0.2千克兑水60千克防治病害。植株有软腐病时可用10%福尔马林或石硫合剂喷洒来消毒。

5.采收与产地加工

(1)**采收** 白芍栽植后3～4年可收获,安徽地区多在8～9月份采收。采收过早会影响白芍的产量,采收过迟则根内淀粉发生转化,干燥后不坚实,重量减轻。在晴天割去白芍茎叶,挖出全根,抖去泥土,切下芍根。

(2)**产地加工** 在夏季或秋季采挖,将采挖的白芍洗净后除去头、尾及细根,置沸水中煮后除去外皮或去皮后再煮,然后晒干。

①煮后去皮。将采挖的白芍洗净,按大小分档后,先放到开水中煮5～15分钟,煮后取出立即放在冷水里,用竹片或玻璃片刮去褐色表皮,然后切段或切片,晒干。

②去皮后煮。

擦皮:即擦去芍根外皮。将截成条的芍根装入箩筐中浸泡1～2小时,然后放入木床中,床中加入黄沙,用木耙来回搓擦,或通过人工刮皮,使白芍根条的皮全部脱落,再用水冲洗后浸于清水缸中。

煮芍:将锅水烧至80℃左右,把芍条从清水缸里捞入锅中,每次放入芍条10～29千克,煮20～30分钟,具体时间视芍条大小而定。煮时上下翻动,锅水以浸没芍根为宜,注意煮过芍条的水不能重复使用,必须换水。

干燥:煮好的芍条必须马上捞出,并置于阳光下摊开暴晒1～2小时,以后逐渐把芍条堆厚暴晒,使表皮慢慢收缩。晒时经常翻动,连续晒3～4天,中午阳光过强时须用晒席反盖,下午3～4点时再摊开晾晒,一直晒至芍条能敲出清脆响声,收回室内,堆置2～3天后再晒1～2天即可全干。

白芍成品以质坚、粉性足、表面光滑、色白、无霉点者为佳。

三、白 芷

1. 概述

白芷为伞形科植物白芷或杭白芷的干燥根。白芷性温,味辛,具有散风除湿、通窍止痛、消肿排脓的功效。据 2010 版《药典》,其化学成分按干燥品计算,含欧前胡素($C_{16}H_{14}O_4$)不得少于 0.080%。产于河南长葛、禹县的白芷习称"禹白芷";产于河北安国的白芷习称"祁白芷";产于浙江、福建和四川等省的白芷习称"杭白芷"或"川白芷"。白芷在我国南北地区广泛栽培。

2. 形态特征

白芷为多年生草本植物,株高 1～2.5 米。根粗大,呈长圆锥形,有香气。茎粗大,呈圆柱形,中空,常带紫色,有纵沟纹。茎下部叶片呈羽状分裂,互生,叶柄下部为囊状膨大的膜质鞘。花序为复伞形,伞幅通常为 18～40 枚,有时多至 70 枚,总苞片为 5～10 枚或更多;花小,花瓣有 5 枚,呈白色,先端内凹。双悬果扁平,略呈方椭圆形,外皮为黄褐色,有时带紫色;分果具 5 棱,侧棱有宽翅。花期为 6～7 月份,果期为 7～9 月份。

3. 生长习性

白芷喜温暖湿润气候,耐寒,适应性较强,幼苗可耐-6～8℃的低温。白芷喜阳光充足的环境,在荫蔽的地方会生长不良。白芷是深根性植物,喜土层深厚、疏松肥沃、含腐殖质多的沙质壤土,若在土层浅薄或石砾过多的壤土上种植,则植株的主根分叉多,品质较差。

白芷种子的发芽率较低,发芽适温为 10～25℃。光照有促进种子发芽的作用。种子寿命为 1 年。

4.栽培技术

(1)选地整地 白芷为深根性植物,故宜选土层深厚、肥力中等、排水良好的沙质壤土种植。前作以禾本科作物为宜,不宜与花生、豆类作物轮作。每亩施农家肥2000~3000千克,配施50千克过磷酸钙,深翻约30厘米,将土地耙细、整平,可视地形而定做成约1.2米宽的平畦或高畦。

(2)繁殖方法

①播种时期。秋播和春播均可,以秋播为好,一般于9~10月份播种。

②播种方式。多采用直播方式。

③播种方法。用种子繁殖,条播按行距35厘米左右开浅沟播种,穴播按穴距(15~20)厘米×30厘米开穴播种,播后覆薄土,压实,播种后15~20天种子就可出苗。条播每亩用种量约1.5千克,穴播每亩用种量约1千克。如播种前用2%磷酸二氢钾水溶液喷洒在种子上,搅拌并闷润8小时后再播种,则可使种子提早出苗,大大提高出苗率。

④留种技术。留种有原地留种和选苗留种2种方法。

原地留种法:在白芷收获时,留部分植株不挖,第二年5~6月份于植株抽薹开花结籽后收种。此法所得种子质量较差。

选苗留种法:在采挖白芷时,选主根直、大小中等、无病虫害的根作种根,按株行距40厘米×80厘米开穴,另行种植、移栽,每穴栽种根1株,覆土厚约5厘米,9月份种根出苗后加强除草、施肥、培土等田间管理工作。第二年5月份植株抽薹后及时培土,以防倒伏。7月份种子陆续成熟时分期、分批采收。采收方法是待种子变成黄绿色时,选侧枝上结的种子,分批剪下种穗,挂通风处阴干,轻轻搓下种子,去杂后置通风干燥处储藏。主茎顶端结的种子易早抽薹,故不宜采收,或在开花时就将花打掉。

(3)田间管理

①间苗、定苗。第二年春苗高 5 厘米左右时,开始间苗,一般间苗 2 次;苗高 15 厘米时定苗,条播时按株距 12～15 厘米定苗,穴播时按每穴留壮苗 1～3 株定苗。除去特大苗,以防其提早抽薹。

②中耕除草。每次间苗时都应结合中耕除草,先浅松表土,以后逐渐加深松土深度。待植株封行后,停止中耕。

③追肥。一般追肥 3～4 次。追肥常在间苗、定苗后和封行前进行。肥料以腐熟的人粪尿、饼肥等为主,浓度先低后高,最后一次封行前追肥后,要及时培土,以防植株倒伏。

④灌水、排水。播种后若土壤干燥,应浇水 1 次,直到幼苗出土前须保持畦面湿润,以利于出苗。定苗后应少浇水,多中耕,促使白芷根部向下生长。雨后注意排水。

(4)病虫害防治

①斑枯病。此病主要为害植株的叶片。初期病斑为暗绿色,以后扩大成为灰白色大斑,病叶上出现小黑点,最后叶片枯死。斑枯病一般于 5 月份开始发病,直至收获期病害可持续存在,危害时间较长,是白芷的重要病害。

防治方法:清除病残组织,集中烧毁;植株发病初期用 1∶1∶100 的波尔多液或 65% 的代森锌可湿性粉剂 400～500 倍液喷洒地面。

②紫纹羽病。此病主要为害植株的主根。植株发病初期有白线状物缠绕在根上,后期变为紫红色,互相交织成一层菌膜。病根自表皮向内腐烂,最后全部腐烂。

防治方法:发现病株后及时挖除,并在病穴内及周围植株旁撒上石灰粉,以防病害蔓延;雨季及时疏沟排水,降低田间湿度;整地时每亩约用 50% 退菌特 2 千克加草木灰 20 千克,混合拌匀后施入土中,进行土壤消毒。

③黄凤蝶。黄凤蝶主要以幼虫为害植株的叶片。

防治方法:结合冬季清园工作,捕杀越冬虫蛹;用 90% 晶体敌百虫 1500 倍液喷杀害虫。

5. 采收与产地加工

(1) 采收 白芷的播种时间不同，收获期也不同。春播的在大暑至立秋期间收获。秋播的在处暑前后当白芷的茎叶开始枯黄时收获。采收过早，植株尚在生长，根部营养不足；采收过迟，植株易发新芽，影响产品质量，药用价值有所降低。采收应选在晴天进行，先割去植株地上部分，然后挖出全根，抖去根上的泥土，运回加工场加工。一般每亩可产干货 300 千克左右，高产时每亩产量可达 500 千克以上。

(2) 产地加工 白芷的肉质根含大量淀粉，一般不易晒干，若遇阴雨天气，很容易腐烂。目前多采取硫黄熏蒸加工法。加工过程为：将白芷除去须根及泥沙，按大小分级，根据大小和干湿程度的不同分别装入熏房，大的装在中间，小的装在周围，含水量大的装在下层，已晒软的装在上层。装时不要踩压，以利熏蒸时通烟。然后按每 1000 千克鲜白芷用硫黄 7~8 千克的比例，点燃硫黄熏蒸。熏时不能熄火或断烟，要连续熏，直至熏透为止。熏蒸 24 小时后，取样检查。可用小刀将白芷横切两块，在切口上滴碘液，若切口呈蓝色，则表示还未熏透，需要继续熏蒸；若切口的蓝色很快消失，则表示已熏透，可立即熄火，取出白芷，晒干或炕干。敲打白芷时有清脆的响声表示白芷已经干透。

因硫黄可能被药材吸附，或以小颗粒沉降在药材表面而影响药材品质，所以若非天气条件及设施条件所限，应尽量采用直接晒干或低温干燥的方法。

白芷成品以质坚、断面白色或黄白色、具粉性、香气浓郁者为佳。

四、天 麻

1. 概述

天麻为兰科植物天麻的干燥块茎。天麻性平,味甘,具有平肝息风、止痉的功效,主治头晕、偏头痛、四肢痉挛、手脚麻木、半身不遂、小儿惊风等症。据 2010 版《药典》,其化学成分按干燥品计算,含天麻素($C_{13}H_{18}O_{18}$)不得少于 0.200%。天麻主产于四川、云南、贵州、陕西、湖北、安徽等地,东北及华北各地亦产,现在全国各地均有引种栽培。

2. 形态特征

天麻为多年生草本植物,无根,无绿色叶,株高 30～150 厘米。块茎肉质肥厚,呈椭圆形,外表呈淡黄色,有均匀的环节,节处有膜质鳞片和不明显的芽眼。顶生红色混合芽的天麻称"箭麻",无明显顶芽的天麻称"白麻"、"米麻"。天麻的茎单生,呈圆柱形,表皮呈黄红色,有白色条斑。退化了的鳞片叶呈膜质,互生,呈浅褐色。总状花序顶生,苞片呈膜质;花呈淡黄绿色,为两性花;合蕊柱的花药具 2 室,居顶端,呈药盖帽状;子房下位,柄扭转呈黄褐色。蒴果呈长圆形,浅红色,具 6 条纵缝线。种子多而细小,呈近粉末状。花期为 5～6 月份,果期为 6～7 月份。

3. 生长习性

天麻喜凉爽湿润的环境,耐寒,忌高温;多野生于含腐殖质较多且湿润的阔叶林下,在向阳灌木丛及草坡处亦有生长。天麻须与白蘑科真菌密环菌和紫萁小菇共生,才能使种子萌芽,形成圆球茎,并生长成天麻块茎。紫萁小菇为天麻种子的萌发提供营养,密环菌为圆球茎长成天麻块茎提供营养。

20～25℃的环境温度最适宜天麻生长,温度在30℃以上时天麻的生长会受到抑制。春季15厘米处地温达10℃以上时,天麻的芽头开始萌动,并开始繁殖子麻,子麻在6～7月份生长迅速,9月份生长减慢,10月份下旬地温降到10℃以下时开始休眠。

天麻无根,无叶绿素,必须依靠密环菌来提供营养。天麻与密环菌是营养共生关系。密环菌菌索侵入天麻块茎的表皮组织,菌索顶端破裂,菌丝侵入皮层薄壁细胞,将表皮细胞分解吸收,若菌丝继续向内部伸展,则菌丝反被天麻消化层细胞分解吸收,供天麻生长。

4. 栽培技术

(1)选地整地 栽种天麻宜选半阴的、富含有机质的缓坡地,土质以疏松、排水良好的沙壤土或沙土为宜,尤以生荒地为好,土壤适宜pH为5.0～6.0;忌黏土和涝洼积水地,忌重茬。此外,还可充分利用一切空闲地、树林、室内外大棚、木箱、竹筐、防空洞、地下室、编织袋、花盆、塑料袋等进行栽培。在选好的地块,于栽前2～3个月,挖深30～50厘米、宽60厘米左右、长度依地形而定的窖,窖底松土、整平。

(2)繁殖方法 天麻主要采用块茎繁殖的方法,也可采用种子繁殖的方法。

①块茎繁殖。

• 材料准备。提前1个月砍伐树木,常用壳斗科的青冈、槲栎、栓皮栎、茅栗等,以树皮厚、木质坚硬、耐腐性强的阔叶树为好。此外杨柳、刺槐、槐树、柞树等亦可。密环菌生命力强,可在600多种树木上生长。将选好的木材锯成40～50厘米长的木棒,树皮砍成鱼鳞口,用接种过密环菌的菌棒或上一年的菌材进行接种。此外,还要准备细河沙和树叶,有条件的可配制营养液。

• 栽培时期及方法。地温达到5℃时可以种植天麻,一般在10月份至次年5月份左右进行栽培。栽培时先做菌床,在窖底铺放一层沙及干树叶或腐殖土,用处理好的新木棒与带密环菌的木材(菌材)交错摆一层,相邻两棒间的距离为6~7厘米,中间可夹些阔叶树的树枝,用腐殖土填实空隙,再覆土3~4厘米厚。按相同方法摆第二层,覆土约10厘米厚。保持窖内湿润,盖上杂草遮阴,使密环菌正常生长,即成菌床。新木棒接种后成为菌棒。

选无病斑、无冻害、不腐烂的白麻和米麻作种栽,其中以白麻为好。栽植时,把种麻平行摆放在菌材间的沟内,紧靠菌棒,白麻每隔10厘米放1个,米麻每隔5厘米放1个,太小的米麻应撒播。种植后用腐殖土填平空隙,再覆土约3厘米厚,以不见底层菌材为宜。按相同方法栽第二层,最后覆土10~15厘米厚,盖上一层树叶杂草,保持土壤湿润。越冬期间加厚覆土层,以防冻害。

②种子繁殖。选择重100克以上的箭麻,可于采收后栽于屋前或屋后,按上述方法进行栽培。箭麻抽薹时要防止阳光照射,开花时要进行人工授粉。授粉时间可选在晴天的上午10点左右,在药盖帽边缘微现花时进行,用毛笔或其他工具进行授粉。授粉后用塑料袋套住果穗,当下部果实有少量种子散出时,自下而上随熟随收。天麻抽薹后可用树枝或木板绑缚固定茎秆,以防止倒伏。

天麻种子寿命短,采下的蒴果应及时播种。播种前将天麻的萌发菌(紫萁小菇)从培养瓶中取出放入盆中,每窖用菌种2~3瓶,接种在壳斗科植物的落叶上即成菌叶。菌叶干燥时,需洒一点清水拌湿。拌种时将天麻种子从蒴果中抖出,轻而均匀地撒在菌叶上,边撒边拌。播种量不宜过大或过小,每10根菌材可播蒴果8~10个。播种时,把菌床上层的菌材取出,扒出下层菌材上的土,把枯落潮湿的树叶撒在下层菌材上,稍压平,再将拌过的菌叶和种子均匀地撒在树叶上,盖上一层薄薄的潮湿落叶,再播第二层种子,覆土约3厘米厚,之后再盖一层潮湿树叶,放入上层菌材,最后覆土10~15厘米厚。若种植得当,第二年秋季可收到一部分箭麻、白麻、子麻和大量的米麻,它们可作为块茎繁殖的种栽。

(3)田间管理

①温度、光照。温度超过35℃时,天麻生长困难,故在6～8月份高温期,应搭棚或间作高秆作物遮阴,防止土壤温度过高。春、秋季节,土壤应接受必要的阳光照射,以保持一定的温度。

②灌水、排水。雨季到来之前,清理好排水沟,及时排除积水,以防块茎腐烂。窖内干燥时,要少量多次浇水以保湿。

③越冬管理。植株越冬前要加厚覆土,并加盖树叶防冻。

(4)病虫害防治

①腐烂病。杂菌感染是导致天麻腐烂病的原因之一。

防治方法:选择排水良好的地块栽培天麻;忌用原窖连栽;选用无病斑、无冻害、不腐烂的种麻;纯化菌种使菌材无杂菌感染,菌材间隙要填好;注意雨季排水。

②蛴螬。蛴螬的幼虫常咬断茎秆或嚼食天麻根茎,造成断茎和根部空洞。

防治方法:用灯光诱杀成虫;用90%晶体敌百虫800倍液或75%辛硫磷乳油700倍液浇灌根部。

③蝼蛄。蝼蛄的成虫和若虫主要为害天麻块茎,被害天麻断面处呈麻丝状。

防治方法:用灯光诱杀成虫;用90%晶体敌百虫1000倍液或75%辛硫磷乳油700倍液浇灌根部;用约0.025千克氯丹乳油拌炒香的麦麸约5千克,加适量水配成毒饵,于傍晚撒于田间或畦面以诱杀害虫。

5.采收与产地加工

(1)采收 一般于初冬或早春进行采挖。先扒开土表,取出菌材,收取天麻,并进行分级,收大留小,采收后再将空隙处覆盖树叶,让小的米麻继续生长。

(2)产地加工 挖出天麻后,去掉其地上茎,洗去泥土,擦去粗皮,按大小分成3～4个等级,将分级的天麻洗净,放笼内蒸10～20分钟,以蒸至无白心为度,取出晾干,再继续用火烘至干燥。若是大天麻,烘时可在天麻上用针穿刺,使内部水分向外散发,在天麻半干时将其压扁,停火,使其"发汗",再在70℃下烘2~3天,直至全干即可。

天麻成品也可采用煮后干燥法。水烧开后,在水中稍加一点明矾,然后把天麻投入水中,大的煮10~15分钟,小的煮3~4分钟,以煮透心为准。

天麻成品以具有如下特征者为佳:身干,呈长椭圆形,粗栓皮已去净,表面呈黄白色,有横环纹,顶端有残留茎基或红黄色的枯芽,末端有圆盘状的凹脐形疤痕,质坚实、半透明状,断面呈角质、牙白色,味甘微辛。

五、板蓝根

1. 概述

板蓝根为十字花科植物菘蓝的干燥根。板蓝根性寒,味苦,具有清热解毒、凉血利咽的功效。菘蓝干燥的叶称大青叶,大青叶气微弱,味稍苦,主治丹毒、咽喉肿痛、口舌生疮、疮痈肿毒等症。据2010版《药典》,板蓝根的化学成分按干燥品计算,含(R,S)-告依春(C_5H_7NOS)不得少于0.020%。板蓝根主产于河北、江苏、安徽、甘肃、山西等地,在全国各地均有栽培。

2. 形态特征

板蓝根的植株为二年生草本植物,株高40~120厘米。主根深长,圆柱形,外皮呈灰黄色。茎直立,上部多分枝,光滑无毛。单叶互生;基生叶较大,具柄,叶片呈长圆状椭圆形;茎生叶呈长圆形至长圆状倒披针形,基部为垂耳状箭形半抱茎。复总状花序,花梗细长,花瓣4枚,花冠黄色。角果呈长圆形,扁平,边缘翅状,紫黑色,顶端呈圆钝状或截形。种子1枚,呈椭圆形,褐色,有光泽。花期为4~5月份,果期为5~6月份。

3.生长习性

板蓝根的植株对气候和土壤条件的适应性较强,耐严寒,喜温暖向阳的环境,但怕水渍,除低洼积水地块和重黏土壤外,在一般土壤上均可种植。种子容易萌发,在15~30℃温度范围内发芽良好,发芽率一般在80%以上。种子寿命为1~2年。

板蓝根在正常生长发育过程中,必须经过冬季低温阶段才能开花结果,故生产上常采取春播或夏播的方式,可在当年收割叶子并挖取根部,避免植株开花结果。

4.栽培技术

(1)选地整地 选地势平坦、排水良好、土质为疏松肥沃的沙质壤土的地块,于秋季深翻土壤40厘米以上。结合整地每亩约施入堆肥或厩肥2000千克、过磷酸钙50千克或草木灰100千克,翻入土中作基肥。然后将土地整平、耙细,做成宽约1.3米的高畦,在畦的四周挖好排水沟,以防积水。

(2)繁殖方法 板蓝根的繁殖方法为种子繁殖,多采用直播的方式。

①播种时期。板蓝根可春播,亦可夏播。春播于4月份中下旬进行,夏播于6月份上旬进行。春播不宜过早,若种子出苗后受早春寒影响,会经过春化阶段,提前抽薹开花。

②播种方式。板蓝根可撒播,亦可条播,以条播为好。在整好的畦面上按行距20~25厘米横向开沟,开的沟以深度为2厘米左右较好,再将种子均匀地播入沟内。播种前最好将种子用30~40℃温水浸泡4小时左右,捞出晾干后再下种。播种后,施入腐熟的人畜粪水,覆土,土面应与畦面平齐。保持土壤湿润,5~6天即可出芽。每亩用种量为2千克左右。

③留种技术。于入冬前采挖春、夏播种的板蓝根,选择无病、健壮的根条移栽到留种地上,留种地应选在避风、排水良好、阳光充足的地方。第二年种子发芽后,加强肥水管理,适当施磷肥、钾肥,于5~6月份种子由黄转黑紫时,割下全株,晒干、脱粒。也可在采挖板蓝根时留出部分植株不挖,待其自然越冬后收籽。因茬口关系,则还可采取秋播、幼苗越冬的办法,促使植株第二年正常结籽。植株收过种子的板蓝根已发生木质化,不能作药用。

(3)田间管理

①间苗、定苗。当苗高7~10厘米时,进行间苗,去弱留强。当苗高约12厘米时,按株距7~10厘米定苗,留壮苗1株。

②中耕除草。齐苗后进行第一次中耕除草,以后每隔半个月左右除一次草,保持田间无杂草。封行后停止中耕除草。

③追肥。间苗后,结合中耕除草追肥一次,每亩施人畜粪水1500~2000千克。每次采叶后追施一次人畜粪水,每亩约施2000千克,可再加尿素4~6千克,以促发新叶。若不采叶,可少施肥。

④灌水、排水。夏播后遇干旱天气,应及时浇水。雨水过多时,要及时清沟排水,防止田间积水。

(4)病虫害防治

①霜霉病。此病主要为害植株叶片,发病初期叶背面产生灰白色霉状物,无明显病斑和症状,随着病情的加重,叶北面出现淡绿色病斑,病情严重时叶片枯死。

防治方法:收获后清洁田园,将病枝残叶集中烧毁、深埋,以减少越冬病源;降低田园温度,及时排出积水,改善通风透光条件;在植株发病初期喷洒1∶1∶100波尔多液或65%代森锌可湿性粉剂500倍液,每7~10天喷1次,连喷2~3次。

②根腐病。植株在雨季易发生此病,病菌使其根部腐烂,导致全株死亡。

防治方法:在植株发病初期用50%多菌灵1000倍液或70%甲

基托布津1000倍液灌穴;及时拔出病株并烧毁,用上述农药浇灌病穴,以防病害蔓延。

③白粉蝶。白粉蝶常产卵于植株的叶片上。幼虫咬食叶片,造成孔洞、缺刻、空洞,严重时仅留叶脉。

防治方法:用90%晶体敌百虫800倍液喷杀幼虫。

5.采收与产地加工

(1)板蓝根

①采收。10月份中上旬,当地上茎叶枯黄时,挖取根部。先在畦沟的一边开60厘米左右的深沟,然后顺沟向前小心挖起板蓝根,切勿伤根或断根。

②产地加工。将板蓝根运回后,去掉泥土和茎叶,洗净,晒至七八成干时,扎成小捆,再晒至全干。遇阴雨天可炕干或烘干板蓝根。

板蓝根的成品以根长、直、粗壮、坚实、粉性足者为佳。

(2)大青叶

①采收。春播的板蓝根可于5月份上旬、9月份上旬、10月份中下旬采收3~4次。伏天高温季节不宜收割,以免引起植株成片死亡。收获大青叶时,要从植株基部离地面约2厘米处割取,以便切口处重新萌发新叶,可继续采收。

②产地加工。叶片割回后晒至七八成干时,扎成小捆,然后继续晒至全干。遇阴雨天可炕干或烘干叶片。

大青叶的成品以叶大、破碎叶少、干净、色墨绿、无霉味者为佳。

六、地 黄

1.概述

地黄为玄参科植物地黄的新鲜或干燥块根。地黄味甘,性寒,具有滋阴清热、补血止血等功效。地黄主产于河南、山东、山西、陕西、河北、安徽等地,全国以河南产的地黄最为著名,习称"怀地黄"。

2. 形态特征

地黄为多年生草本植物,株高10~40厘米,全株密被灰白色柔毛和腺毛。根状茎肉质,肥厚,呈块状、圆柱形或纺锤形,表面鲜黄色。叶通常丛生于茎的基部,呈倒卵形或长椭圆形,先端钝圆,边缘具不整齐的锯齿,叶面有皱纹。花茎直立,顶生总状花序,花具细梗、多毛,花萼呈钟形,花冠呈筒状、微弯,外面暗紫色,内面黄色,有明显紫纹,先端有5枚浅裂片,略呈二唇形。蒴果呈卵形或长卵形,上有宿存花柱。种子多数,细小。花期为4~6月份,果期为5~7月份。

3. 生长习性

地黄喜气候温暖和阳光充足的环境,喜肥,忌积水,较耐寒,以土层深厚、疏松肥沃、中性或微碱性的沙质壤土栽培为宜,不宜在盐碱地、黏重地及低洼地栽种。忌连作,前作宜选禾本科作物,不宜选棉花、芝麻、豆类、瓜类作物,因这些作物易发生根结线虫病和红蜘蛛虫害,若选择这些作物为前作会导致地黄病害严重。

地黄块根在15℃以下生长很慢,20~25℃时开始膨大生长,25~28℃时生长迅速。土壤高温、高湿易造成地黄烂根。地黄的发芽适温为20~30℃。种子寿命为1~2年。

4. 栽培技术

(1)选地整地 栽培地黄宜选择土层深厚、肥沃疏松、排水良好的沙质壤土,选择向阳且有一定排灌条件的地块,于前一年冬季或第二年早春2~3月份,深翻土壤25厘米以上,每亩施入腐熟堆肥约2000千克、过磷酸钙约25千克、硫酸钾15~20千克,翻入土中作基肥。然后将土地整平、耙细,做成宽约1.3米的高畦或高垄,畦沟宽40厘米左右,在畦四周开挖排水沟,以利排水。

(2)繁殖方法 地黄繁殖可采用种子繁殖方法和块根繁殖方法,生产上以块根繁殖方法为主。

①种子繁殖。于4～5月份,按行距10厘米左右进行条播,覆细土0.2～0.3厘米厚,保持苗床湿润。待幼苗具6～8片真叶时,即可按行距15～20厘米、株距15厘米左右移栽至大田。栽后浇水,到秋季即可收获或留作种栽。

②块根繁殖。秋季采挖时,选指头粗细的种根进行沙藏,到第二年开春大地化冻后,施足基肥,整平土地。将种根去头斩尾,取其中段,截成3～5厘米的小段,按行距30～40厘米、株距27～33厘米在整好的畦面上挖深4～6厘米的穴,每穴横放种栽1～2段(大根放1段,小根放2段),撒少许草木灰(石灰亦可),再覆细土,土面与畦面齐平。气温为15～20℃时种根10天可出苗,每亩用种量为40～50千克。

(3)田间管理

①间苗、补苗。苗高约5厘米时,结合除草进行间苗,每穴留1棵苗,如有缺苗断垄者可补栽。一般每亩留基本苗4000～6000株,土地肥沃者,可适当多种一些,贫瘠土地可稍少种些,每亩留基本苗8000～10000株。

②中耕除草。结合中耕进行除草,注意苗旁浅松土,垄间深中耕;植株封行后,不宜中耕松土。

③追肥。追肥以人畜粪尿为主,每亩用硫酸铵约20千克、饼肥约50千克,分2次施用,第一次追肥在立夏前后,第二次追肥在处暑前后,因处暑前后地下根茎正在膨大,所以施肥要及时。施肥后,如遇干旱天气,要及时浇水。

④灌水、排水。干旱时适当灌水,切忌大水漫灌,否则会引起烂根,影响地黄产量。夏季雨水较多,在植株封行前要结合松土来培根,进行清沟排水,以免根部积水。

⑤去薹除蕾。如发生抽薹现象,要及早去薹除蕾,促使养分集中于地下根茎。

(4)病虫害防治

①枯萎病。此病又称"根腐病",一般于5月份始发,6~7月份病情严重,病菌为害植物根部和地上茎秆。

防治方法:选择地势高燥的地块种植地黄;合理轮作,地黄可与禾本科作物轮作;选用无病种根留种;用50%多菌灵1000倍液浸种;植株发病初期用50%多菌灵1000倍液或50%退菌特1000倍液浇灌根部。

②病毒病。此病又称"花叶病",一般于4月份下旬始发,5~6月份病情严重。

防治方法:选用无病毒的种栽繁殖;选用无病毒的茎尖繁殖脱毒苗;防治蚜虫,选择抗病品种。

③拟豹纹蛱蝶。一般于4~5月份始发,以幼虫为害叶片。

防治方法:清洁田园;在拟豹纹蛱蝶幼龄期可用90%晶体敌百虫800倍液喷杀害虫。

5.采收与产地加工

(1)采收 栽种当年秋季9~10月份,当植株的地上叶片逐渐枯黄时,选在晴天挖出块根,抖净根上的泥土,除掉须根。

(2)产地加工

①鲜地黄。地黄采收后即可沙藏待用。

②生地黄。生晒或烘焙均可,边晒(烘)边"发汗",至块根无硬心、质地柔软为止。因生地黄含糖量较高,故地黄干的程度以不黏手、手摸干硬为好。

七、山 药

1.概述

山药为薯蓣科植物薯蓣的干燥根茎。氨基酸和薯蓣皂苷等都可作为山药的指标性成分。山药具有健脾止泻、补肺益肾的功效,主治脾胃虚弱、倦怠无力、食欲不振、肺气虚燥、肾气亏耗、腰膝酸软、消渴尿频、遗精早泄、带下白浊、皮肤赤肿、肥胖等病症;主产于河南、河北、山西、山东、安徽、江苏、广西、湖南等地;以古怀庆府(今河南焦作境内,含博爱、沁阳、武陟、温县等地)所产山药质量最佳,习称"怀山药"。

2.形态特征

山药的植株为多年生缠绕草本植物。根状茎长而粗壮,直生,长可达1米。叶互生,至中部以上对生,间或3枚轮生,叶腋发生侧枝或形成气生块茎,称"零余子";叶片形状多变,呈三角状卵形至三角状广卵形,常有3条浅至深裂,叶先端尖,基部呈戟状;叶柄长。花单生,雌雄异株,呈穗状花序,花小,为白色或黄色。蒴果具3翅,呈扁卵圆形,果翅长度约等于宽度,有短柄,每室有种子2枚,着生于室中央。花期为6~8月份,果期为8~10月份。

3.生长习性

山药喜土层深厚、疏松、排水良好的沙质壤土,对气候条件要求不甚严格,但以温暖湿润气候为佳。块茎在10℃时开始萌动,茎叶生长的适温为25~28℃,块茎生长的适宜地温为20~24℃,叶、蔓遇霜即枯死。

山药种子不易发芽,但山药的无性繁殖能力强,因此,生产上多用芦头和珠芽进行繁殖,生产周期为1~2年。

4.栽培技术

(1)选地整地 栽培山药宜选择向阳、地势平坦的区域,土质应为疏松肥沃、排水良好的沙质壤土,低洼积水地不宜种植。

选好地块后,于秋后深翻土地一次。耕作深度根据山药品种、形状而异,扁块种或圆筒种的耕作深度为30厘米左右,长柱种则需深翻60～100厘米。结合翻耕每亩施入约3000千克腐熟农家肥、草木灰、过磷酸钙等,然后再翻耕一次,使土壤疏松、匀细。于栽前将土地做成高畦或高垄,垄宽80～90厘米左右,畦宽1米左右,两边开好排水沟。

近年来,对于长柱种山药,有些地区已用打洞栽培代替挖山药沟的栽培方式。打洞栽培的方法是,于秋末冬初,土地经施肥、整平后,在冬闲时按行距约70厘米放线,在线上用铁锹挖5～8厘米的浅沟,然后用打洞工具在线内按株距25～30厘米打洞,要求洞壁光滑结实,洞径为8厘米左右,洞深为150厘米左右。

(2)繁殖方法 山药的繁殖方法有珠芽繁殖、根茎繁殖和芦头繁殖,其中多用根茎繁殖和芦头繁殖。珠芽繁殖主要用来育苗,芦头连续栽植易引起退化,可用珠芽繁殖来改良,一般2～3年进行一次复壮更新。

①珠芽繁殖。每年植株枯萎时,摘取珠芽。选择个大饱满、无病虫害的留种,置室内或室外沙藏越冬,于3～4月份下种,按行距25厘米左右开深6～8厘米的沟,每隔10厘米左右种2～3个零余子,栽后浇水,约15天出苗,当年秋季挖取根部作种栽,称"圆头栽"。

②根茎繁殖。生产上一般在起收山药时,选择横径为3～4厘米的无病山药根茎,切成若干个6～8厘米长的小段,断面蘸草木灰,置于太阳下晾晒3～4天,晾干伤口后即可播种。

③芦头繁殖。起收山药时,选粗壮、无病虫害的根茎,于距芦头10厘米左右处切下,切口涂草木灰,置通风处晾干后,放在室内沙藏,室内温度以保持在5℃左右为好。开春后取出芦头播种,畦栽,可按行距20～30厘米开沟,沟深6～9厘米,按株距15厘米左右将芦头平放沟内,也可每沟放双行,排成"人字形",将芦头种在沟的中线两旁。栽后覆土,稍镇压。

(3)田间管理

①畦面覆盖。在山药移栽或出苗后用干草覆盖畦面,可防止草害,降低地温,提高肥效,调节水分。

②间苗。山药出苗后,要适时间苗,同时对芦头进行摘芽,以每株留1~2个健壮芽为好,其余全部摘除。

③除草。山药的须根常在地表蔓延生长,因此要尽量用手拔草,不宜中耕。

④施肥。除施足底肥外,在山药的生长期还应追肥2~3次,分别在植株抽蔓搭架时、蔓长约50厘米时和根茎开始膨大时各追肥1次,每次每亩用腐熟人粪尿750千克左右沟施或用约0.5%尿素溶液喷洒地面。

⑤灌水、排水。在夏季高温干旱季节要浇水,尤其在地下根茎生长期间更不能缺水,以促进根茎膨大。以早晚浇水为佳,浇水深度不宜超过根生长的深度。多雨季节要注意及时排水,避免土壤湿度过大导致积水使根茎腐烂。

⑥搭架。山药为缠绕性植物,生长期应搭"人字形"架,以便通风透光。苗高20~30厘米时即可搭架,材料可就地取用,树条、竹条均可,搭架要牢固,搭架的高度以2米左右为宜。

(4)病虫害防治

①炭疽病。此病主要为害植株茎叶,受害茎叶产生褐色下陷小斑,有不规则轮纹,上生小黑点,7~8月份病害严重。

防治方法:注意拔草、松土,雨涝天气及时排出田间积水;栽前用1∶1∶150波尔多液浸种10分钟左右;发病初期可用65%的代森锌可湿性粉剂500倍液或50%的多菌灵胶悬剂800倍液进行喷洒,7~10天喷1次,共喷2~3次;发病期间用50%退菌特可湿性粉剂800~1000倍液喷洒,每隔7天喷1次,连续喷2~3次;做好田间清洁工作,防止病原传播。

②褐斑病。此病主要为害植株叶片,病斑呈不规则状,褐色,有

散生小黑点,有时导致叶片穿孔,雨季易导致病害加重。

防治方法:冬季清理田园里的残枝病叶并集中烧毁,消灭越冬病原;实行轮作,注意选地和及时排水;病害发病期用1:1:120波尔多液喷洒或50%二硝散200倍液喷洒,每隔7天喷1次,连续喷2~3次。

③线虫病。线虫病是近年发现的为害山药块茎的一大病害。

防治方法:推广打洞栽培法;山药栽种3年以上须轮作;播种前将杀虫药剂均匀地施入约10厘米深的种植沟内,一般每亩使用5%灭克磷颗粒剂约6千克,或5%的敌线灵乳油约8千克。

④虫害。虫害有蛴螬、地老虎等,可用约90%敌百虫原药配成1:100倍液或用约50%辛硫磷50克拌鲜草5千克制成毒饵诱杀害虫。

5. 采收与产地加工

(1)采收 冬季植株的茎叶枯萎后即可采挖,先采收珠芽,再拆除支架,割去藤茎,然后进行挖掘。注意要顺排深挖,以保持根茎完整。切下芦头作种苗栽培。

(2)产地加工

①切片干燥。将山药洗净,除去外皮及须根,趁鲜切片,烘干。

②毛山药。将山药浸水,刮皮,用硫黄熏蒸,晒干或烘干,即成毛山药。成品以条匀、去净外皮、内外均为白色或黄白色、粉性足者为佳。

③光山药。选择粗大顺直的干燥山药,置清水中,浸至无干心,闷透,切齐两端,用木板搓成圆柱状,晒干,打光,即成光山药。成品以条匀挺直、色白、表面光滑、质坚实、粉性足者为佳。

八、浙贝母

1. 概述

浙贝母为百合科植物浙贝母的干燥鳞茎,因其原产于浙江象山,故又称为"象贝母",简称"象贝"。浙贝母性寒、味苦,具有清热散结、化痰止咳的功效,常与其他药配伍,用于痰热郁肺所致咳嗽及痈毒肿痛、瘰疬未溃等症的治疗。浙贝母主产于浙江,江苏、安徽、江西、上海、湖北、湖南等地亦产。

2. 形态特征

浙贝母为多年生草本植物,株高30~80厘米,全株光滑无毛。地下鳞茎为扁球形,外皮为淡土黄色,常由2~3片肥厚的鳞片抱合而成,直径2~6厘米。茎直立、单生,地上部分不分枝。叶狭长无柄,全缘,下部叶对生,中部叶轮生,上部叶互生,中上部叶先端反卷。花为一至数朵,顶生总状花序;花呈钟形,下垂,淡黄色或黄绿色,带有淡紫色斑点;花被片6枚,2轮排列;雄蕊有6枚;雌蕊有1枚。子房上位,具3室,柱头3裂。蒴果短圆柱形,具6棱。种子多数,扁平,呈近半圆形,边缘具翼,淡棕色。花期为3~4月份,果期为4~5月份。

3. 生长习性

浙贝母喜温和湿润、阳光充足的环境,较耐寒。浙贝母鳞茎和种子均有休眠特性。种子的生长适温为4~30℃,温度过低或过高均会使其休眠,当平均地温达6℃时出苗。鳞茎在地温10~25℃时能正常膨大,-6℃时将受冻,25℃以上时出现休眠。种子经2个月左右5~10℃的低温处理或经自然越冬可解除休眠。种子发芽率一般为70%~80%。

4. 栽培技术

(1) 选地整地　浙贝母对土壤要求较严,宜选择排水良好、土层深厚、富含腐殖质、疏松肥沃的沙质壤土地块种植,过黏或过沙的土壤均不适宜种植浙贝母,土壤以pH 5.0~7.0较为适宜。忌连作,前茬以玉米、大豆、甘薯等作物为好。播种前宜将土地深翻、细耕,一般每亩施入农家肥2000千克左右作基肥,再配施100千克左右饼肥和30千克左右磷肥,将地面耙匀,做成宽1.2~1.5米的高畦,畦沟宽约30厘米、深20~25厘米,并做到沟的四周排水畅通。

(2) 繁殖方法　浙贝母的繁殖分无性繁殖与有性繁殖两种。有性繁殖(即种子繁殖)年限长,不易保苗及越夏,一直未被广泛采用,生产上多用无性繁殖(即鳞茎繁殖)。

生产上的种植田一般分为种子田和商品田。浙贝母的地上部分枯萎后,使其在原地过夏,9~10月份将种子田中的鳞茎挖起,按鳞茎大小进行分级,再分别栽种于种子田和商品田。

①种子田的栽培。种子田鳞茎的选择标准是鳞茎直径为3~5厘米,鳞片紧密抱合,芽头饱满、无损伤和病虫害。边挖边栽,且种子田的沟应适当深些,以10~15厘米为宜,因为深栽能使鳞片抱合更紧,方便保护芽头,提高栽种质量。

②商品田的栽培。种子田选择标准以外的浙贝母暂时存放在室内。冬季套种的作物及时下种,不影响浙贝母生长。挖出种子田的鳞茎,选择抱合紧密、芽头饱满、无病虫害者在商品田进行栽种,栽种密度和深度视鳞茎大小而定,一般株距15~20厘米,行距约20厘米。开浅沟条播,沟深6~8厘米,沟底要平,覆土5~6厘米厚。10月份下旬之前要全部种完。

(3) 田间管理

①中耕除草。此项工作重点放在浙贝母未出土前和植株生长的前期进行。出苗前要及时除草,出苗后结合施肥进行中耕除草,一般

于施肥前除草,以保持土壤疏松。植株封行后,可用手拔草。

②追肥。一般进行3次追肥,12月份下旬施冬肥,以迟效性肥料为主,每亩泼施浓人畜粪肥约2500千克,施肥后覆土;第二年春齐苗时施苗肥,每亩泼施人畜粪肥约2000千克或尿素约15千克;3月份下旬打花后追施花肥,肥料品种和施肥量与苗肥相似。

③套作遮阴。植株地上部分枯萎前,可套种大豆、玉米等高秆作物,以给浙贝母遮阴,降低地温,调节土壤水分,有利于鳞茎越夏。

④灌水、排水。浙贝母在2~4月份需水较多,如果这一段时间植株缺水,生长不好,会直接影响鳞茎的膨大,从而影响浙贝母的产量。植株整个生长期浇水不能太多,也不能太少。北方春季干旱,需每周浇一次水;南方雨季要注意排水,防止鳞茎腐烂。

⑤摘花。为了使鳞茎得到充足养分,花期要摘花;不能摘得过早或过晚,摘花过早会影响抽梢,摘花过晚则消耗养分,不利于鳞茎的生长。当现出2~3朵花蕾时,可于晴天将花蕾连同顶梢一同摘除。雨天摘花会使雨水渗入伤口,引起植株腐烂。摘下的花梢经晒干后亦可入药。

(4)病虫害防治

①灰霉病。此病一般在3月份下旬至4月份初开始发生,4月份中旬盛发。植株发病后先在叶片上出现淡褐色的小点,渐渐扩大成椭圆形或不规则形病斑,病斑边缘有明显的水渍状环,之后再不断扩大形成灰色大斑。被害部分在温度和湿度适宜的情况下,会长出灰色霉状物。灰霉病还可为害花及果实。

防治方法:待浙贝母收获后,清除被害植株和病叶,将其烧毁或深埋,减少越冬病原;合理轮作,发病较严重的土地不宜连作;加强田间管理,合理施肥,增强浙贝母的抗病能力;植株发病前,在3月份下旬喷施1:1:100的波尔多液,每隔7~10天喷1次,连续3~4次;发病时用50%多菌灵800倍液喷施。

②黑斑病。此病一般在3月份下旬开始发生,清明前后春雨连

绵,植株受害较为严重。多从叶尖开始发病,叶色逐渐变淡,出现水渍状褐色病斑,渐向叶基蔓延,病变部分与健康部分有明显界限。菌丝及分生孢子在被害植株的病叶上越冬,第二年可再次侵染为害植株。

防治方法:同灰霉病。

③软腐病。浙贝母鳞茎受害部分开始为褐色水渍状,病害蔓延很快,植株发病后鳞茎变成豆腐渣状,或变成黏滑的鼻涕状。有时病害停止,植株因表面失水而形成一个似虫咬过的空洞。腐烂部分和健康部分界限明显。表皮常不受害,鳞茎内部软腐干缩后,剩下空壳。腐烂鳞茎具特别的酒酸味。

防治方法:选择健壮无病的鳞茎作种;选择排水良好的沙质壤土种植浙贝母;使用药剂防治,配合使用各种杀菌剂和杀螨剂,在下种前浸种;防治螨、蛴螬等地下害虫,消灭传播媒介,防止病菌传播,以减轻危害。

④干腐病。浙贝母鳞茎基部受害后呈蜂窝状,鳞片受害后呈褐色皱褶状。受害鳞茎基部呈青黑色,鳞片内部腐烂形成黑斑空洞,或在鳞片上形成黑褐色或青色、大小不等的斑状空洞。有的鳞茎维管束受害,横切面可见褐色小点。

防治方法:同软腐病。

⑤蛴螬。蛴螬为金龟子幼虫,又名"白蚕"。体白色,头部黄色或黄褐色。蛴螬4月份中旬开始为害浙贝母鳞茎,浙贝母过夏期危害最盛,11月份中旬以后危害停止。受害鳞茎呈麻点状或凹凸不平的空洞状,有时被咬成残缺破碎状。成虫在5月份中旬出现,于傍晚活动,其卵散产于较湿润的土中,尤其喜在未腐熟的厩肥上产卵。

防治方法:冬季清除杂草,深翻土地,消灭越冬虫卵;施用腐熟的厩肥、堆肥,并覆土盖肥,减少成虫产卵;整地翻土时,注意捉取幼虫;用灯光诱杀成虫;下种前半个月每公顷施375～450千克石灰粉,撒于土表后翻入,以杀死幼虫;用90%晶体敌百虫1000～1500倍液浇灌根部周围土壤;用石蒜鳞茎进行防治:结合施肥,将石蒜鳞茎洗净捣碎,一般每50千克粪肥放3~4千克石蒜浸出液进行防治。

⑥豆芫菁。豆芫菁的成虫喜群集为害,将叶片咬成缺刻、空洞或全部吃光,留下较粗的叶脉。严重时成片浙贝母被吃成光秆,影响鳞茎产量。

防治方法:人工捕杀,利用成虫的群集性,及时用网捕捉,集中杀死,但应注意,豆芫菁在受惊时会分泌一种黄色液体,能使人的皮肤中毒起泡,因此不能直接用手捕捉。用90%晶体敌百虫1500倍液或40%乐果乳油800~1500倍液喷洒可防治虫害。

5. 采收与产地加工

(1)采收 对于商品田,可在5月份中旬,待植株地上部分茎叶枯萎后,选晴天进行采挖,注意顺排采挖,避免挖伤鳞茎。一般商品田亩产鲜贝母600~900千克,折合干品200~300千克。

(2)产地加工 将鲜贝母洗净,按大小分开,大者除去芯芽,加工成"大贝",或称"宝贝"、"元宝贝";小者不去芯芽,加工成"珠贝"。擦去鲜贝母的外皮,拌以石灰粉煅过的贝壳粉,以吸去擦出的浆汁,然后进行干燥。也可取鳞茎,按大小分开,洗净后除去芯芽,趁鲜切成厚片,将切成的厚片洗净后进行干燥。

九、丹　参

1. 概述

丹参为唇形科多年生草本植物丹参的干燥根茎,别名"血参"、"紫丹参"、"红根"等。丹参味苦,性微寒,归心、肝二经,具有活血祛瘀、通经止痛、清心除烦等功效,主治冠心病、胸痹心痛、心绞痛等症。丹参在全国大部分省区均有栽培,主产于河南、安徽、四川、陕西等地。

2. 形态特征

丹参为多年生草本植物,全株密被柔毛。根呈圆柱形,外皮为砖红色。茎直立,多分枝。奇数羽状复叶,顶端小叶较大,小叶呈卵形或椭圆状卵形。轮伞花序有花6至多朵,组成顶生或腋生的总状花序,密被长柔毛和腺毛;小苞片披针形,被腺毛;花萼钟状,长1~1.3厘米,先端二唇形,萼筒喉部密被白色柔毛;花冠为蓝紫色的唇形花冠,下唇较上唇短,先端有3裂,中央裂片较两侧裂片长且大,又作浅2裂;子房上位,有4个深裂,花柱较雄蕊长,柱头有2裂。小坚果呈长圆形,成熟时为黑色或暗棕色。花期为5~8月份,果期为8~9月份。

3. 生长习性

丹参适应性较强,喜温和气候,生长适宜温度为20~26℃,较耐寒,冬季根可耐受-15℃以上的低温。丹参根部发达,根系长度可达80厘米,忌旱又忌涝;对土壤要求不严,在一般土壤上均能生长;土壤酸碱度以微酸性到微碱性为宜;以阳光充足、土层深厚、中等肥沃、排水良好的沙质壤土地块栽培为好;忌在排水不良的低洼地种植。

丹参种子小,在18~22℃温度下,15天左右出苗,出苗率为70%~80%,陈种子的发芽率极低。丹参的根在地温15~17℃时开始萌发不定芽,根条上段比下段发芽、生根早。

4. 栽培技术

(1)选地整地 丹参为深根性植物,应选择地势向阳、土质肥沃、土层深厚疏松、排水良好的沙质壤土地块栽种,黏土地和盐碱地均不宜种植。丹参忌连作,可与小麦、玉米、薏苡、夏枯草、蓖麻等作物或非根类中药轮作,或在果园中套种,不宜与豆科或其他根类中药轮作。前茬作物收割后整地,深翻30厘米以上,翻地的同时施足基肥,每亩施农家肥1500～3000千克。将土地整平、耙细后,做成宽80～130厘米的高畦,北方雨水较少的地区可开平畦;开好排水沟,利于排水。

(2)繁殖方法 丹参的繁殖方法较多,包括种子繁殖、分根繁殖、扦插繁殖和芦头繁殖。

①种子繁殖。可采取直播或育苗移栽。

直播:3月份左右播种,可采取条播或穴播方式。穴播按行距30～40厘米、株距20～30厘米挖穴,每穴播种量为5～8粒,覆土1～2厘米厚。条播宜开浅沟,沟深2～3厘米,覆土1～2厘米厚。如遇干旱天气,应浇透水再播种,种子半个月左右即可出苗,苗高7厘米左右时进行间苗。

育苗移栽:丹参种子于6～7月份成熟后,即可采摘播种。在整理好的畦上按行距20～30厘米开沟,沟深1～2厘米,将种子均匀地播入沟内,覆土,浇水,盖草保湿,半个月左右可出苗。当苗高6～10厘米时间苗,一般11月份左右即可移栽定植于大田。北方地区在3月份中下旬按行距30～40厘米开沟,采用种子条播育苗,因为丹参种子细小,所以覆土宜浅,以见不到种子为宜。播种后浇水,盖地膜保温,半个月后在地膜上打孔以方便出苗。当苗高6～10厘米时间苗,5～6月份可定植于大田。

②分根繁殖。栽种时间一般在当年2～3月份,也可在前一年11月份上旬(立冬前)栽种,冬栽比春栽产量高,随栽随挖。

选择一年生的、健壮、无病虫害的鲜根作种,以侧根为好,根径为1～1.5厘米,老根、细根不能作种。老根作种植株易空心,须根多;细根作种易生长不良,根条小,产量低。在准备好的栽植地上按行距30～40厘米、株距20～30厘米开穴,穴深3～5厘米,穴内施入农家肥,每亩施农家肥1500～2000千克。将选好的根条切成5～7厘米长的根段,一般取根条中上段萌发能力强的部分和新生根条,边切边栽,大头朝上,直立于穴内或平放,不可倒栽,每穴栽1～2段,覆土

2～3厘米厚,压实。覆土不宜过多,否则妨碍出苗。每亩需种根50～60千克,栽后60天左右出苗。

为使丹参提前出苗,延长丹参生长期,可采用根段催芽法。于11月份下旬至12月份上旬挖25～27厘米深的沟槽,把切好的根段铺入槽中,将根段铺约6厘米厚,覆土厚约6厘米,上面放约6厘米厚的根段,再覆土10～12厘米厚,使土面略高出地面。要防止沟槽积水,天旱时浇水,并经常检查,以防丹参霉烂。第二年3月份下旬至4月份上旬,根段上部都长出白色的芽时,即可定植于大田。采用该法栽植丹参,出苗快、齐,植株不抽薹,不开花,叶片肥大,根部得到充分生长,产量高。

③扦插繁殖。南方于4～5月份,北方于6～8月份,剪取生长健壮的茎枝,截成15～20厘米长的插穗,剪除下部的叶片,上部留2～3片真叶。在整好的畦内灌透水,按行距约20厘米、株距约10厘米开沟,将插穗斜插入土1/2～2/3,顺沟培土压实,搭矮棚遮阴,保持土壤湿润。一般20天左右插穗便可生根,成苗率在90%以上。待根长约3厘米时,便可定植于大田。

④芦头繁殖。3月份中上旬,选无病虫害的健壮植株,剪去地上部分的茎叶,留长2～2.5厘米的芦头作种苗,按行株距(30～40)厘米×(25～30)厘米挖约3厘米深的穴,每穴栽1～2株,芦头朝上,覆土以盖住芦头为度,浇水,40～45天芦头即可生根发芽。

⑤留种技术。一般丹参顶端的花序先开花且种子先成熟,种子的成熟时期不一致,这就要求采收种子时应分批进行,6月份花序变成褐色并开始枯萎,部分种子呈黑褐色时,即可进行采收。采收时将整个花序剪下,置通风阴凉处晾干,脱粒后即可进行秋播育苗。春播用的种子应阴干储藏,防止种子受潮发霉。

5. 采收与产地加工

(1) 采收 丹参地上部分枯萎时即可进行采挖。丹参根入土较深,根系分布广、质地脆,易折断,因此采挖时应先将地上茎叶除去,深挖根,防止挖断根。

(2) **产地加工** 靠种子繁殖的丹参,于移栽后第二年的 10～11 月份,在地上部分枯萎后到第三年早春新芽萌发前,均可进行采挖;春季无性繁殖的丹参,于栽后当年 11 月份至第二年春新芽萌发前采挖根条。将挖起的根条晾晒至约五成干且质地变软后,用手捏拢,然后晒至八九成干时再捏一次(把须根全部捏断),晒干后即为成品。如需"条丹参",可将直径 0.8 厘米以上的根条在母根处切下,顺条理齐后暴晒,晒时要经常翻动根条,待根条晒至七八成干时,扎成小把,再暴晒至全干,装箱即成"条丹参"。如不分粗细,晒干、去杂后装入麻袋者,则称"统丹参"。有些产区在丹参加工过程中有堆起根条"发汗"的习惯。

十、半 夏

1. 概述

半夏为天南星植物半夏的干燥块茎,为常用中药。半夏具燥湿化痰、降逆止呕、消痞散结之功效,主治呕吐、反胃、咳喘痰多、胸膈胀满、头晕不眠等症。半夏为广布种,国内除内蒙古、新疆、青海、西藏未见野生外,其余各地区均有分布,主产于四川、湖北、河南、贵州、安徽、山东、江苏、江西、浙江、湖南、云南等地。

2. 形态特征

半夏为多年生草本植物,株高 15～40 厘米。地下块茎呈球形或扁球形,芽的基部着生多数须根。叶出自块茎顶端;叶柄长 5～25 厘米,在叶柄下部内侧生一白色珠芽,偶见叶片基部亦具一白色或棕色小珠芽;一年生的叶为单叶,呈心形,两年后为具 3 小叶的复叶,小叶呈椭圆形至披针形,中间小叶较大,叶子两面光滑无毛。肉穗花序顶生,花序梗常较叶柄长;佛焰苞为绿色,边缘多呈紫绿色,内侧上部常有紫色斑条纹;花为单性,雌雄同株。浆果呈卵圆形,顶端尖,未成熟时为绿色或白绿色,成熟时为红色,内有种子1枚。种子呈椭圆形,两端尖,灰绿色。花期为4～7月份,果期为8～9月份。

3.生长习性

半夏喜温和、湿润气候,怕干旱,忌高温。夏季半夏宜在半阴半阳环境中生长,畏强光;在阳光直射或水分不足情况下易发生倒苗。半夏耐阴、耐寒,块茎能自然越冬。半夏为浅根性植物,一般对土壤要求不严,除盐碱土、砾土、重黏土及易积水的土壤不宜种植外,其他土壤基本均可种植,但以疏松肥沃、土层深厚、含水量为20%～30%、pH为6.0～7.0的沙质壤土较为适宜。

半夏块茎一般于8～10℃萌动生长,13℃开始出苗,随着温度升高,出苗加快。半夏适宜的生长温度为15～26℃,气温在30℃以上时半夏生长缓慢,气温超过35℃而又缺水时开始出现倒苗,秋后气温低于13℃时出现枯叶。半夏的块茎、珠芽、种子均无生理休眠特性。种子发芽适温为22～24℃,寿命为1年。

4.栽培技术

(1)选地整地 宜选湿润、肥沃、质地疏松、排灌良好的壤土或沙质壤土种植半夏,亦可选择半阴半阳的缓坡山地,黏重地、盐碱地、涝洼地不宜种植。前茬以豆科作物为宜,可与玉米、油菜、小麦、果树进行间套种。

选好地后,于10～11月份深翻土地20厘米左右,除去砾石及杂草,使其熟化。半夏根系浅,喜肥,生长期短,故应施足基肥。结合整地,每亩施农家肥2500～5000千克、饼肥约100千克和过磷酸钙约60千克,翻入土中作基肥。播种前再翻耕一次,将土地整平、耙细。南方雨水较多,土地宜做成宽1.2～1.4米、高约30厘米的高畦,畦沟宽约40厘米,以利灌溉和排水。北方浅耕后可做成宽0.8~1.2米的平畦,畦埂宽和高分别约为30厘米和15厘米。畦埂要踩实、整平,以便进行春播催芽和苗期地膜覆盖栽培。

(2) **繁殖方法** 生产上半夏的繁殖方法以块茎繁殖和珠芽繁殖为主,也可采用种子繁殖,但种子繁殖周期长,多不采用。

①块茎繁殖。当年冬季或第二年春季取出储藏的种茎栽种,以春季栽种为好。一般早春地表下5厘米左右地温稳定在6~8℃时,即可用温床或火炕对种茎进行催芽。催芽温度保持在20℃左右,约经15天芽便开始萌动。农历雨水至惊蛰期间,当地表下5厘米左右地温达8~10℃时,种茎芽鞘发白,即可栽种。在整细、耙平的畦面上开横沟条播,行距12~15厘米,株距5~10厘米,沟宽约10厘米,深5厘米左右,沟底要平;在每条沟内交错排列2行种茎,芽向上摆入沟内。栽后,上面施一层由腐熟堆肥和厩肥、人畜肥、草木灰等混拌均匀而成的混合肥土。每亩用混合肥土2000千克左右,覆土厚4~7厘米,耙平,稍加镇压。每亩需种茎50~60千克。也可结合收获,进行秋季栽种,一般在9月份下旬至10月份上旬进行。若进行地膜覆盖栽培,则要在栽后立即盖上地膜。4月份上旬至下旬,当气温稳定在15~18℃、出苗率达50%左右时,应揭去地膜,以防膜内高温烤伤小苗。揭膜前,应先进行炼苗,即中午从畦两头揭开膜以通风散热,傍晚封上,连续几天后再将膜全部揭去。采用早春催芽和苗期地膜覆盖的方法,不仅可以使半夏早出苗20天左右,还能保持土壤的疏松状态,促进植株根系的生长,可使半夏增产83%左右。

②珠芽繁殖。半夏叶柄上长有一枚珠芽,珠芽遇土即可生根发芽,成熟期早,是主要的繁殖材料。夏秋之际,当老叶将要枯萎时,珠芽已成熟,即可采下进行条播,按平均行距10厘米、株距3厘米、沟深3厘米播种,播后覆上2~3厘米厚的细土及草木灰,稍加压实。也可按平均行株距10厘米×8厘米挖穴点播,每穴播种2~3粒珠芽。亦可在原地覆土繁殖,即每倒苗一批,覆土一次,以不露珠芽为

度,同时施入适量的混合肥,既可促进珠芽萌发生长,又能为母块茎增加营养,有利于增产。

③种子繁殖。用种子繁殖的半夏在2年以后才能陆续开花结果,此种方法出苗率较低,生产上一般不采用。当佛焰苞萎黄下垂时,采收种子,夏季采收的种子可随采随播,秋末采收的种子可以沙藏至第二年3月份播种。按行距10厘米左右开约2厘米深的浅沟,将种子撒入,土地耙平,覆土厚度为1厘米左右,浇水并盖草保温保湿,半个月左右种子即可出苗。苗高6~10厘米时,即可移栽。实生苗当年可形成直径为0.3~0.6厘米的块茎,可作为第二年的种茎。

④留种技术。种茎的采收和储藏:每年秋季半夏倒苗后,在收获半夏块茎的同时,选横径为0.5~1.5厘米、生长健壮、无病虫害的当年生中小型块茎作种用。种茎选好后,在室内摊晾2~3天,用干湿适中的细沙土拌匀,储藏于通风阴凉处,于当年冬季或第二年春季取出栽种。

种子的采收和储藏:半夏种子一般在6月份中下旬采收,当佛焰苞萎黄下垂、果皮发白绿色、种子呈浅茶色或茶绿色且易脱落时分批采收。如不及时采收,种子易脱落。采收的种子最好随采随播,种子播后10~25天可出苗。8月份以后采收的种子,要用湿沙混合储藏,留待第二年春播种。

(3)田间管理

①揭开地膜。当有50%以上的半夏长出一片真叶、叶片在地膜下初展开时,应当及时揭开地膜。揭膜后适当松土,若土壤较干,应适当浇水,以利继续出苗。揭开的地膜可洗净并整理好,以便第二年再用。

②中耕除草。半夏行间的杂草用特制小锄勤锄,锄的深度以不超过3厘米为宜,以免伤根;株间杂草用手拔除。

③施肥。半夏是喜肥植物,生长期应当注意适当多施肥料,特别是出苗的早期应当多施氮肥,中后期则应当多施钾肥和磷肥。半夏

对钾的需求量较大,多施钾肥对其生长尤其重要。半夏出苗后,可先按每亩施尿素3~4千克催苗,此后,应在每次倒苗后施用腐熟的粪水肥,每亩约施2000千克,施在植株周围,随后培土。半夏生长的中后期,可视生长情况每亩对叶面喷施0.2%的磷酸二氢钾溶液50千克左右。所施肥料应以农家肥为主,不可施用氯化钾、氯化铵、碳酸氢铵及硝态氮类化肥。以氮、磷、钾、钙、镁、硫、铁、钠、锌、铜、钼、锰、硼等元素按适当比例配制的半夏专用复合肥料,对提高半夏产量有很好的效果。

④培土。6月份上旬以后,由于半夏叶柄上的珠芽逐渐成熟落地,种子陆续成熟并随佛焰苞的枯萎而倒伏,所以6月份上旬和7月份要各培土1次。取畦边细土,撒于畦面,土厚1.5~2厘米,以盖住珠芽和种子为宜,稍加镇压。培土可以盖住珠芽和杂草的幼苗,并有利于半夏的保墒和田间的排水。要通过培土把生长在地面上的珠芽尽量埋起来。培土可结合除草进行。

⑤灌水、排水。要注意干旱时浇水和多雨时排水。干旱时最好浇湿土地而不能漫灌,以免造成腐烂病的发生。多雨时应当注意及时清理畦沟,排水防渍,避免半夏块茎因积水而发生腐烂。

⑥摘花蕾。除留种植株外,为使半夏养分集中于地下块茎,一般应于5月份植株抽花葶时分批摘除花蕾。

⑦套种遮阳。半夏在生长期间可与玉米、小麦、油菜、果树等进行套种,这样既可提高土地的使用效率,增加收入,又可以利用其他作物为半夏遮阳,避免阳光直射,以延迟倒苗,增加半夏的产量。

(4)病虫害防治

①根腐病。此病是半夏最常见的病害,多发生在高温高湿季节和越夏种茎储藏期间。根腐病主要为害地下块茎,造成块茎腐烂,继而使地上部分枯黄,倒苗死亡。

防治方法:选用无病种栽培,雨季及大雨后及时疏沟排水;播种前用木霉的分生孢子悬浮液处理半夏块茎,或以5%草木灰溶液浸种约2小时,或用1份50%多菌灵加1份40%乙磷铝300倍液浸种约30分钟;发病初期,拔除病株后用5%石灰乳浇穴;及时防治地下害虫,亦可减轻根腐病的危害。

②病毒性缩叶病。此病是栽培半夏时普遍发生的一种病害,其发病率随半夏栽培年限的增加呈上升趋势,多在夏季发生。种茎带毒传播及蚜虫等昆虫传毒是其主要的传播途径。此病为全株性病害,发病时,叶片上产生黄色不规则斑点,出现花叶病症状,叶片变形、皱缩、卷曲,直至枯死;植株生长不良,地下块根畸形瘦小。

防治方法:选无病植株留种,并进行轮作,避免从发病地区引种或留种;施足有机肥,适当追施磷肥和钾肥,增强植株的抗病力;出苗后在苗地喷洒1次40%乐果乳油2000倍液,每隔5～7天喷1次,连续喷2～3次;发现病株后,立即拔除,集中烧毁或深埋,病穴用5%石灰乳浇灌,以防病害蔓延;及时消灭蚜虫等传毒昆虫。

③芋双线天蛾。此虫以幼虫咬食叶片为害,是半夏生长期间危害极大的害虫。芋双线天蛾每年可繁殖3～5代,以蛹在土中越冬。8～9月份幼虫数量最多。成虫黄昏时开始取食花蜜,趋光性强。

防治方法:结合中耕除草捕杀幼虫;利用黑光灯诱杀成虫;发现幼虫为害时,用50%辛硫磷乳油1000～1500倍液或90%晶体敌百虫800～1000倍液喷洒,每隔5～7天喷1次,连续喷2～3次。

5. 采收与产地加工

(1) 采收 靠种子繁殖的半夏于第三或第四年采收,靠块茎繁殖的半夏于当年或第二年采收。半夏一般选择在夏、秋季茎叶枯萎倒苗后采收,过早采收会影响产量,过晚采收则难以去皮和晒干。采收时,从地块的一端开始,用爪钩顺畦挖12～20厘米深的沟,逐一将半夏挖出。起挖时选晴天进行,小心挖取,避免损伤块茎。

(2) 产地加工 收获的鲜半夏要及时去皮,堆放过久则不易去皮。先将鲜半夏洗净,按大、中、小分级,分别装入袋子内,在地上轻轻摔打几下,然后倒入清水缸中,反复揉搓,或将块茎放入筐内或麻袋内来回撞击使其去皮,也可用去皮机除去外皮。将半夏外皮去除、洗净,再取出晾晒,并不断翻动,晚上收回,平摊于室内,注意不能堆放,不能遇露水。第二日再取出,将半夏晒至全干或半干,以硫黄熏之,亦可拌入石灰,促使其水分外渗,再晒干或烘干。如遇阴雨天气,则可采用炭火或炉火烘干,但烘的温度不宜过高,一般烘的温度应控制在35～60℃。烘时要微火勤翻,力求干燥均匀,以免出现僵子,造成损失。半夏采收后经洗净、晒干或烘干后,即为生半夏。

半夏成品以个大、皮净、色白、质坚、粉足者为佳。

十一、白 术

1. 概述

白术为菊科植物白术的干燥根茎,又称"冬术"、"冬白术"、"于术"、"山连"、"山姜"、"山蓟"、"天蓟"等。白术为常用中药,与人参齐名,有"北参南术"之称。白术味甘、苦,性温,具有健脾益气、燥湿利水、止汗安胎等功效,主治脾虚食少、腹胀泄泻、痰饮眩悸、水肿自汗、胎动不安等症。白术原产于我国,过去以浙江省栽培最多,浙江白术产区多在磐安县、新昌县、天台县一带。目前福建、安徽、江苏、江西、贵州、湖南、湖北、四川、河北、山东等地亦有栽培。

2. 形态特征

白术为多年生草本植物,株高30～80厘米。根状茎肥厚粗大,略呈卷状,灰黄色。茎直立,上部分枝,基部木质化,具不明显纵槽。叶互生,茎下部的叶有长柄,叶片有3深裂或羽状5深裂,边缘具刺状齿;茎上部叶柄渐短,叶片不分裂,呈椭圆形或卵状披针形。头状花序单生于枝端,花为管状,花冠呈紫色。瘦果呈长圆状椭圆形,稍扁,表面被绒毛,冠毛呈羽状。花期为8～10月份,果期为10～11

月份。

3. 生长习性

白术喜凉爽气候,忌高温高湿环境。根茎生长的适宜温度为26～28℃,8月份中旬至9月份下旬为根茎膨大最快时期。白术种子容易萌发,在15℃以上开始萌发,发芽适温为20℃左右。白术种子萌发需较多水分,一般吸水量为种子重量的3～4倍。种子寿命为1年。生产上,温度宜保持在18～21℃,在有足够湿度的情况下,播种后10～15天即可出苗。

白术在生长期间对水分的要求比较严格,既怕旱又怕涝。土壤含水量为30%～50%、空气相对湿度为75%～80%时,对白术生长有利。如遇连续阴雨天,则植株生长不良,病害也会较严重。如生长后期遇到严重干旱,土壤含水量在10%以下,则会影响根茎膨大。

白术生长喜光照,但在7～8月份高温季节,适当遮阴有利于白术生长。

白术对土壤要求不严,在酸性的黏土或碱性的沙质壤土中都能生长,宜选择排水良好、肥沃的沙质壤土栽培;如土壤过黏,则透气性差,易发生烂根现象;土壤以偏酸性至中性为好。白术忌连作,连作时病害较重,亦不能与有白绢病的植物如白菜、玄参、花生、甘薯、烟草等轮作,前作以禾本科植物为好。

4. 栽培技术

(1)选地整地　选择土质疏松、肥力中等、排水良好的沙质壤土地块来种植白术。山区一般选择土层较厚、有一定坡度的土地种植,有条件的地方最好用新垦荒地。不可选用保水保肥能力差的沙土或黏土。前作收获后要及时进行冬耕,这样既有利于土壤熟化,又可减轻杂草和病虫危害。白术下种前须再翻耕一次,结合翻耕施入基肥。育苗地一般施堆肥或腐熟厩肥1000～1500千克/亩,移栽地施堆肥或腐熟厩肥 2500~4000 千克/亩。翻耕后将土地整平、耙细,南方多做成宽 1.2 米左右的高畦,畦长依地形而定,畦沟宽 30 厘米左右,畦面做成龟背形,以便于排水。山区坡地的畦向要与坡向垂直,以避免水土流失。

(2)**繁殖方法** 栽培白术时一般是第一年育苗,种栽储藏越冬后移栽至大田,第二年冬季收获产品。也有春季直播、不经移栽的,2 年后收获产品,但这样做白术产量不高,所以很少采用。

①育苗。白术的播种期因各地气候条件不同而略有差异。南方以 3 月份下旬至 4 月份上旬播种为宜;北方以 4 月份下旬播种为宜。应选择色泽发亮、颗粒饱满、大小均匀一致的种子。将选好的种子先用 25~30℃ 的清水浸泡 12~24 小时,再用 50% 多菌灵可湿性粉剂 500 倍液浸种约 30 分钟,然后取出晾至种子表面无水。这样既可使种子吸水膨胀,又可起到杀菌作用,减少植株生长期间病害的发生。

播种主要采用条播方式,以便于田间管理。有的地方也采用撒播方式。

条播:在整好的畦面上开横沟,沟心距约为 25 厘米,播幅约 10 厘米,深 3~5 厘米。沟底要平,将种子均匀撒于沟内。在浙江产区,要先撒一层火灰土(所谓"火灰土",就是将土肥用杂草堆积焚烧,这样既可减少病虫来源,又可增加肥料中钾的含量),然后,撒一层细土,土厚约 3 厘米。在春旱比较严重的地区,为防止种子"落干"现象的发生,应覆盖一层草,进行保湿。播种量为 4~5 千克/亩。育苗田与移栽田的比例为 1:(5~6)。

撒播:将种子均匀撒于畦面,覆细土或焦泥灰,厚度以 3 厘米左右为宜,再盖一层草。播种量为 5~8 千克/亩。

播种后要保持土壤湿润,以利出苗。幼苗生长较慢,要勤除杂草,同时拔除过密或病弱苗,使苗的间距为 4~5 厘米。苗期一般追肥 2 次,第一次在 6 月份中上旬,第二次在 7 月份,施用稀人畜粪尿或速效氮肥。天气干旱时应及时浇水,并在行间盖草,减少水分

第一章 根和根茎类中草药

蒸发。

②移栽。种栽于10月份下旬至11月份下旬期间收获。选晴天挖取根茎,把尾部须根剪去,剪去离根茎2～3厘米处的茎叶。在修剪时,切勿伤害主芽和根茎表皮。若主芽损伤,则侧芽大量萌发,营养分散,产量降低;根茎表皮损伤则容易染病。在修剪的同时,应按根茎大小分级,并剔除染病和破损根茎。将种栽摊放于阴凉通风处2～3天,待表皮发白、水气干后进行储藏。

各地白术的储藏方法不同,南方多采用层积法沙藏。选通风凉爽的室内或干燥阴凉的地方,在地上先铺约5厘米厚的细沙,上面铺10～15厘米厚的种栽,再铺一层细沙,上面再放一层种栽,如此堆至约40厘米高,最上面覆盖一层约5厘米厚的沙子或细土,每隔15～30天检查一次,发现病栽应及时挑出,以免引起腐烂。如果白术芽开始萌动,要进行翻堆,以防芽继续增长,影响种栽质量。

北方一般选背风处挖一个深和宽各约1米的坑,长度视种栽数量而定。将种栽放入坑内,堆10～15厘米厚,覆土约5厘米厚,随气温下降,逐渐加厚覆土,让其自然越冬,到第二年春天边挖边栽。可采用秋季移栽、露地越冬的方法。此种方法避免了种栽储藏期间因管理不当而造成腐烂或病菌感染。

为了减少病害的发生,在生产中需进行种栽的处理。方法是先用清水冲洗种栽,再将种栽浸入40%多菌灵悬胶剂300～400倍液或80%甲基托布津500～600倍液中约1小时,然后捞出沥干,如不立即栽种,应摊开晾干表面水分。

白术的栽种季节因各地气候、土壤条件不同而异。在浙江、江苏、四川等地,移栽期在12月份下旬到第二年2月份下旬,以早栽为好。早栽时植株的根系发达,扎根较深,生长健壮,抗旱力、吸肥力都强。北方在4月份中上旬栽种。

栽种方法有条栽和穴栽2种,平均行株距有20厘米×25厘米、25厘米×18厘米、25厘米×12厘米等多种,可根据不同土质和肥力条件来选择。适当密植可提高白术产量,栽种深度以5～6厘米为宜,不宜栽得过深,否则出苗困难,幼芽在土中会因生长时间过长而消耗养分,使术苗纤细,影响产量。

③留种技术。选择茎秆健壮、叶片较大、分枝少而花蕾大的无病植株留种。在植株顶端生长的花蕾开花早,结籽多而饱满;侧枝的花蕾开花晚,结籽少而瘦小。可将侧枝花蕾剪除,每枝只留5～6个顶端花蕾,使养分集中,籽粒饱满,有利于培育壮苗。对留种植株要加强管理,增施磷肥、钾肥,并从始花期开始,每隔7天喷1次50%敌敌畏800倍液,以防治虫害。当头状花序(也称"蒲头")外壳变为紫黑色,并开裂现出白茸时,可进行采种。采种要在晴天露水干后进行。若在雨天或露水未干时采种,种子容易腐烂或生芽,会影响种子品质。种子脱粒晒干后,置通风阴凉处储藏备用。

(3)田间管理

①间苗。播种后约15天发芽,幼苗出土生长。其间,应进行间苗工作,拔除弱小或染病的幼苗,幼苗的间距为4～5厘米。

②中耕除草。幼苗未出土前浅松土,幼苗高3～6厘米时除草。6月份杂草生长繁茂,应每隔半个月除草1次,宜用手拔除,做到地无杂草。7月份下旬至9月份下旬正是白术长根的时候,宜每个月拔草1～2次。雨后或露水未干时不能锄草,否则幼苗容易感染病害。

③追肥。植株现蕾前后,可追肥一次,每亩于行间沟施尿素约20千克和复合肥约30千克,施后覆土,浇水。摘蕾后1周,每亩可再追施一次腐熟饼肥75～100千克、人畜粪尿1000～1500千克和过磷酸钙25～30千克。根据白术的生长规律,已总结出"施足基肥、早施苗肥、重施摘蕾肥"的经验。

④排水。白术怕涝,土壤湿度过大会使其容易发生病害,因此雨季要及时清理畦沟,排水防涝。8月份以后根茎迅速膨大,需要充足水分,若遇天气干旱要及时浇水,以保证充足的水分供应。

⑤摘蕾。白术药用部位是根茎,而开花结籽要消耗大量的养分,

影响块茎的形成和膨大。为了使养分集中供应根茎生长,除留种植株外,都要摘除花蕾。于7月份中上旬头状花序开放前摘除花蕾,由于白术现蕾不齐,可分2~3次摘完。摘蕾宜选晴天进行,雨天或露水未干时摘蕾,伤口处容易引起病害。一般摘除花蕾的白术比不摘除花蕾的白术可增产30%~80%。

⑥覆盖。白术有喜凉爽、怕高温的特性。因此,夏季可在植株行间覆盖一层草,以调节温度和湿度。覆草厚度一般以5~6厘米为宜。

(4)病虫害防治

①根腐病。根腐病又称"干腐病",是白术的主要病害之一。白术发病后,首先细根变褐、干腐,逐渐蔓延至根状茎,使根状茎干腐,并迅速蔓延到主茎,整个维管束系统出现褐色病变,呈现黑褐色下陷腐烂斑,后期根茎全部干腐,呈黑褐色海绵状,地上部分萎蔫。该病初侵染来源主要是带菌土壤,其次是带菌种栽。在土壤淹水、土质黏重、施用未腐熟的有机肥料以及线虫和其他地下害虫为害等原因造成植株根系发育不良或产生伤口等情况下,白术极易遭受到病菌的侵染,导致根状茎腐烂。根腐病的病菌嗜热,因此病害常在植株生长中后期、气温升高、连续阴雨天转晴后突然发生。

防治方法:与禾本科作物轮作可减轻病害,轮作年限应在3年以上;用70%恶霉灵可湿性粉剂3000倍液浸种约1小时或50%退菌特1000倍液浸种3~5分钟,晾干后下种;发病初期用50%多菌灵可湿性粉剂1000倍液或70%甲基托布津可湿性粉剂1000倍液浇灌病区;及时防治地下害虫。

②立枯病。立枯病是白术苗期常见的主要病害,危害严重,常造成幼苗成片死亡,也称"烂茎病"。受害苗茎基部初期出现水渍状椭圆形暗褐色斑块,地上部分呈萎蔫状,随后病斑很快延伸绕茎,茎部坏死收缩成线形,幼苗倒伏死亡。立枯病在低温高湿时多发。

防治方法：立枯病主要由土壤带菌引发，避免病土育苗是防病的根本措施；合理轮作2～3年或对土壤进行消毒可防治立枯病，可用50％多菌灵在播种和移栽前处理土壤，用药量为1～2千克/亩；适时播种，促使幼苗快速生长和成活，避免感染；苗期加强管理，及时松土和防止土壤湿度过大；发现病株及时拔除，在病株发病初期用5％的石灰水淋灌根部，每隔7天淋灌1次，连续淋灌3～4次，也可喷洒50％甲基托布津800～1000倍液等药液防治，以控制病害蔓延。

③斑枯病(铁叶病)。斑枯病是白术产区普遍发生的一种叶部病害，高温高湿时病情严重。植株受害初期，叶上产生黄绿色小斑点，多自叶尖及叶缘向内扩展，常数个病斑连接成一阔斑，因受叶脉限制呈多角形或不规则形，很快布满全叶，使叶呈铁黑色，故斑枯病也称为"铁叶病"。后期病斑中央呈灰白色，上生小黑点，植株逐渐枯萎死亡。江苏、浙江、安徽一带每年从4月份下旬（谷雨前后）开始发生斑枯病，病害可一直延续到收获期。

防治方法：进行2～3年轮作；选栽健壮无病种栽，并用70％甲基托布津1000倍液浸渍3～5分钟消毒；选择地势高燥、排水良好的土地，合理密植，降低田间湿度；发病初期喷1∶1∶100波尔多液或50％退菌特1000倍液，每隔7～10天喷1次，连续喷3～4次；白术收获后清洁田园，集中处理残株落叶。

④锈病。此病主要为害叶片。受害叶片初期产生黄褐色略隆起的小点，以后扩大为褐色梭形或近圆形斑片，周围有黄绿色晕圈。叶背病斑处聚生黄色颗粒黏状物，当其破裂时散出大量的黄色粉末，即锈孢子。多雨高湿时此病害易流行。

防治方法：雨季及时排水，防止田间积水，避免湿度过大；植株发病期喷97％敌锈钠300倍液或65％的代森锌可湿性粉剂500倍液，7～10天喷1次，连续喷2～3次；收获后集中处理残株落叶，减少来年的侵染来源。

⑤白绢病。白绢病主要为害白术根状茎，高温多雨季节多发。

根状茎在干燥情况下形成"乱麻"状干腐,而在高温高湿条件下则形成"烂薯"状湿腐,地上部分逐渐萎蔫。该病的初侵染来源是带菌的土壤、肥料和种栽。发病初期以菌丝蔓延或菌核随水流传播的方式进行再侵染。

防治方法:选用健壮无病种栽,并用50%退菌特1000倍液浸栽3～5分钟,晾干后下种;白术可与禾本科作物轮作,不可与易感此病的附子、玄参、地黄、芍药、花生、黄豆等轮作;加强田间管理,雨季及时排水,避免土壤湿度过大;及时挖除病株及周围病土,并用石灰消毒;用50%多菌灵可湿性粉剂1000倍液或70%甲基托布津可湿性粉剂1000倍液浇灌病区。

⑥长管蚜。长管蚜又名"腻虫"、"蜜虫",以无翅蚜在菊科寄主植物上越冬。第二年3月份以后,天气转暖时产生有翅蚜,迁飞到白术上产生无翅胎生蚜为害。4～6月份危害最严重,6月份以后气温升高,降雨多,长管蚜数量则有所减少。至8月份虫口又略有增加,随后因气候条件不适,产生有翅胎生蚜,迁飞到其他菊科植物上越冬。长管蚜喜密集于白术嫩叶、新梢上吸取汁液,使白术叶片发黄,植株萎缩,生长不良。

防治方法:铲除杂草,减少越冬虫害;虫害发生期可用50%敌敌畏1000～1500倍液或40%乐果乳油1500～2000倍液、2.5%鱼藤精600～800倍液喷洒病区。

此外,白术常见的病虫害还有根结线虫病、地老虎、蛴螬、白术术籽虫等。

5.采收与产地加工

(1)采收 在定植当年10月份下旬至11月份中旬,当茎叶开始枯萎时即可采收。若采收过早,则干物质还未充分积累,品质差,折干率也低;若采收过晚,则新芽发生,消耗养分,影响品质。选晴天将植株挖起,抖去泥土,剪去茎叶,及时加工。

(2)产地加工 产地加工有晒干和烘干2种方式。晒干的白术称"生晒术",烘干的白术称"烘术"。

①生晒术的加工方法。将收获运回的鲜白术,抖净泥土,剪去须根、茎叶,必要时用水洗去泥土,置阳光下晒干,直至干透为止,一般需15~20天。在干燥过程中,如遇阴雨天,要将白术摊放在阴凉干燥处。切勿堆积,以防霉烂。

②烘术的加工方法。将鲜白术放入烘斗内,每次放入150~200千克白术,最初火力宜猛而均匀,温度约100℃,待蒸汽上升,外皮发热时,将温度降至60~70℃,缓慢烘烤2~3小时,然后上下翻动一次,再烘2~3小时,至须根干透,将白术从斗内取出,不断翻动,去掉须根。

将去掉须根的白术,堆放5~6天,让内部水分慢慢外渗,即返润阶段。将白术按大小分等级后上灶,较大的白术放在烘斗的下部,较小的放在上部,开始生火加温。开始火力宜强些,至白术外皮发热时,将火力减弱,控制温度在50~55℃,经5~6小时,上下翻动一次,再烘5~6小时,直到七八成干时,将其取出,在室内堆放7~10天,使其内部水分慢慢向外渗透,表皮变软。将堆放返润的白术,按支头大小分为大、中、小三等,再用40~50℃文火烘干,大号的烘30~33小时,中号的约烘24小时,小号的烘12~15小时,直至干燥为止。

白术成品以个大、质坚实、断面黄白色、香气浓者为佳。

十二、泽 泻

1.概述

泽泻为泽泻科泽泻的干燥块茎,别名"芒芋"、"水泽"。泽泻味甘,性寒,具有利小便、清湿热、抗肾炎、降血脂、抗脂肪肝等功效,主治小便不利、水肿、高血脂和脂肪肝等症。泽泻在我国福建和四川等省具有悠久的栽培历史,其中以福建建瓯、建阳和浦城等地栽培的泽泽泻产量最大,品质最好。此外,江西、广西、贵州及云南等地亦产泽泻。

2. 形态特征

泽泻为多年生水生草本植物,株高50～100厘米。块茎呈球形,须根多数。叶丛生,柄长5～50厘米,基部鞘状,叶片呈椭圆形或宽卵形,光滑,叶脉有5～7条。花茎自叶丛中抽出,花序有3～5轮分枝,集成大型轮生状圆锥花序,花小,呈白色,为两性花。瘦果多数,呈倒卵形,褐色,环状排列。花期为6～8月份,果期为8～10月份。

3. 生长习性

泽泻喜光,喜温暖环境,喜湿,喜肥。成株喜光,幼苗畏强光直射,耐荫蔽。泽泻在阳光充足、温度适宜的条件(20～26℃)下,稍耐寒,但在0℃以下时茎叶易受冻害,在凉冷及霜期早的地方种植产量低。泽泻适宜生长在浅水田中,对水的需求量随生长期不同而变化,一般幼苗期应随生长逐渐加深水层;定植后,初期水层宜较深,后期因植株趋老熟则应逐渐浅灌。泽泻喜肥,适宜肥力高、保水保肥力强的土壤,以腐含腐殖质、黏质的水田为佳。泽泻忌连作,可与早稻、蔬菜或莲轮作。

种子发芽率和种子后期处理有关。一般晒干的种子不发芽,隔年的种子发芽率较低,新鲜的种子发芽率高。幼苗生长状况与种子的成熟程度有关。一般花茎中部花序的种子成熟度中等,播后发芽率高,发芽期短,发芽也较整齐,且幼苗生长发育好,抽薹植株少。虽然过老熟种子发芽率也较高,但长成植株后易较早抽薹开花。

4. 栽培技术

(1)选地整地 选择光照充足、背风向阳、耕作层深厚、水源充足、排灌方便、保水性强、富含腐殖质且稍带黏性的土壤或水稻田,作为育苗地或种植地。

整地前,排除过多的田水,施足基肥,依土壤肥力不同,每亩施腐熟厩肥或堆肥 3000~4000 千克,深犁翻耕入土,将土地耙细、耙平,整平田面,做成宽 1.2 米、高 10~15 厘米的苗床,留宽约 40 厘米的作业道。

(2)**繁殖方法** 泽泻主要用种子繁殖,先育苗后移栽。

①育苗。

· 种子的选择:选饱满种子,以中等成熟度的种子为好,其外观呈黄褐色或金黄色。老熟(褐色和红褐色)、隔年(黑褐色,种仁变黑)、未成熟(黄绿色)的种子均不宜作种。

· 播种前处理:把选好的种子用纱布袋装好,在流动的清水中浸泡 24~48 小时,进行催芽,取出沥干水,用 40% 福尔马林 80 倍液浸种约 5 分钟,捞出立即用清水冲洗,再沥干水,以待播种。

· 播种期选择:泽泻育苗和移栽季节因各地气候条件不同而异。福建闽北和四川一般在夏至到小暑期间育苗,处暑到白露期间移栽。由北到南,播种和移栽的时间相继后移,如广东在白露育苗,霜降后移栽。播种期过早,植株易形成大量分蘖并抽薹开花;播种期过迟,植株生长期短,根部生长发育不良,会影响产品的产量和品质。

· 播种方法:播种前,将处理好的种子拌以 10~100 倍的草木灰或火土灰,均匀地撒播在苗床上,再用竹扫帚轻轻横扫畦面,使种子与泥土紧密结合,以防降雨或灌水时种子被冲走。一般每亩用种 1~2 千克,1 亩种苗可供 25~30 亩大田种植。

②移栽。移栽期一般在播种后 30~35 天,此时泽泻已完成苗期的生长。选择阴天或晴天下午 3 点以后进行移栽。移栽时选择有 5~8 片真叶、株高约 15 厘米的健康壮苗,轻轻拔起,去掉脚叶、黄叶及弱残病苗。随起随栽,带泥移栽。最好在整地完毕、田泥尚未下沉时移栽。秧苗移栽要做到浅栽、栽正、栽稳,以入土 2~3 厘米为宜,

避免苗芯沉入泥中。栽种过深,则发叶缓慢,块茎不易膨大。株距以25~30厘米较为合适,可在田边地角密植几行预备苗,留作补苗。

③留种技术。一年生泽泻一般不留种,宜选择二年生植株的种子作种用。留种方法依据繁殖方法不同分为分芽繁殖法和块茎繁殖法。

• 分芽繁殖。泽泻收获前,选择生长健壮、无病虫害、块茎肥大的植株作种株。采收泽泻时,挖起块茎,割去地上枯叶,栽到较为湿润的旱田里,斜栽入土,入土深7~10厘米,入土过深块茎易腐烂,入土过浅植株则易受冻害。栽后覆盖稻草越冬。第二年春季,块茎发出多数幼芽,待新芽长至高20厘米左右时(约在4月份上旬),挖出块茎,纵切成小块,每小块保留1个芽,随即移栽到阳光充足、土壤肥沃的水田里,行距、株距各30~40厘米。栽后加强田间管理,只留1~3个主薹。在抽薹、开花和结果期各用2‰过磷酸钙浸提液作根外追肥,使种子饱满。花茎长出分株后,剪去基部两轮和顶部第九轮以上的分株,留下的分株花期相差不大,营养充分,所结的种子饱满。当果实逐渐成熟并呈黄褐色或金黄色时(中等成熟),即可分批连梗剪取,扎成小把,挂通风干燥处阴干,再进行脱粒。

• 块茎繁殖。泽泻收获前,选择生长健壮、无病虫害、块茎肥大的植株作种株。春季块茎发出多数幼芽后,不进行分芽移栽,而是摘除侧芽,留主薹结籽。一般6月份中下旬,果实逐渐成熟,按上述标准进行采集、阴干、脱粒。此法所产的种子活力强,发芽率高,只是产量不及分芽繁殖高。种茎冬季留种时,也可以采用覆盖地膜防冻的方法,保温以促使其早发芽,然后在立春前后进行分芽移植,再用地膜覆盖。

(3)田间管理

①查苗补苗。幼苗移栽后2~3天内,要认真检查畦面的苗情,发现浮苗或倒伏,及时栽正、栽稳;发现缺苗或死苗,及时补苗,保证栽全。此后进行不间断查苗,若发现有生长不良的弱苗或病苗,及时

拔除并补苗。

②耘田追肥。泽泻是喜肥植物,一般追肥3次,生长较差的田块可追肥4次。通常要掌握"先追肥,后耘田和除草"的原则。每次追肥前,先把田水排干,再施肥,然后耘田除草,并将基部黄叶和枯叶剥除,埋入泥中,施肥后1~2天灌回水。第一次追肥在移栽后10~15天,每亩施腐熟人畜粪水约1000千克,泼施,或用尿素7~8千克直接点施在植株近处。第二次追肥在9月份中旬植株进入生长旺盛期时,即抽薹前,每亩泼施腐熟人畜粪水1000~1500千克,或用尿素和草木灰约15千克点施,或用硫酸铵20~30千克点施。第三次追肥在9月份下旬或10月份上旬,此时块茎开始膨大,部分植株开始抽薹,每亩泼施腐熟人畜粪水约2000千克,或用尿素20~30千克点施。第四次追肥在收获前1个月,即10月份下旬,每亩泼施腐熟人畜粪水约1000千克,或用碳酸氢铵约10千克点施。

③适时排灌。泽泻是浅水植物,不同发育阶段对灌水的深浅要求不同。移栽后保持水深2~3厘米;到第二次追肥后灌回水时,保持水深3~7厘米,此时植株进入生长旺盛期,需水量大;到第三次追肥后灌回水时,保持水深约1厘米,此时为块茎膨大期,应减少田水,适时排干田水晒田,促进块茎生长发育;到收获前15天左右,开始逐渐排干田水,以利采收。

④及时摘薹。非留种植株应及时摘薹,并抹除侧芽,避免养分消耗,促进块茎生长。

(4)病虫害防治

①白斑病。此病是泽泻的主要病害,在高温多雨季节多发。受害部位集中在叶片和叶柄。叶片发病初期,病部产生较小的圆形斑点,呈红褐色;病斑扩大后,中心呈灰白色,周缘呈暗褐色,严重时叶片逐渐发黄枯死。叶柄发病时,初期出现褐色棱形病斑,中心略下陷;病斑逐渐扩大后,出现相互连接的情况,呈灰褐色,最后叶柄枯倒,严重者植株死亡。

防治方法:播种前,用40%福尔马林80倍液浸种约5分钟,用清水洗净,晾干,播种;发病初期勤检查,发现病叶及时摘除,再喷1:1:100波尔多液;发病期内,喷50%二硝散200倍液、50%代森锌可湿性粉剂500～1000倍液,或25%托布津可湿性粉剂500～600倍液,7～10天喷1次,连续喷2～3次;加强田间管理,选择无病种苗,培育抗病品种,增施磷肥、钾肥。

②银纹夜蛾。其幼虫主要为害叶片,白天潜伏在叶背,晚上和阴天多在叶面取食,造成叶片缺刻和孔洞,严重时叶片只剩叶脉。幼虫在叶背化蛹。

防治方法:发生虫害时,用90%晶体敌百虫1000～1500倍液喷杀害虫;幼虫期,利用其假死性,进行人工捕杀;成虫期(蛾),利用其趋光性,在田间安装黑光灯,进行人工诱杀。

③缢管蚜。此虫害在干热天气多发,成虫繁殖迅速,危害严重。缢管蚜以黑色无翅蚜为害,群集在叶背和花茎上吮吸汁液,致使植株叶片发黄,块茎发育不良,同时影响开花结果。

防治方法:在育苗期经常巡田,发现蚜虫后及时喷40%乐果乳油2000倍液,7天喷1次,连续喷3～4次;在成株期喷40%乐果乳油1500～2500倍液,5～7天喷1次,连续喷3～4次。

5.采收与产地加工

(1)采收 秋季移栽地区,一般在12月份下旬地上部分枯萎时采收泽泻。冬季移栽地区,一般在第二年开春前,即植株尚未长出新芽前进行采收。过早采收,植株地上部分尚未完全枯萎,影响块茎化学成分的积累,产品粉性不足,产量降低;过迟采收,块茎顶芽萌动,所积累的大分子成分会分解成可溶性的小分子,影响泽泻的药材质量。

采收前几日先放干田水至无水浸泡田面为止。采收工具为特制的专用铁制采挖刀具,用以割去须根及残留茎叶。挖起块茎,除去块茎周围泥土及残根,剥去残叶,留下块茎中心顶芽,加工时注意避免因泽泻伤口流出的汁液而使块茎发黑。

(2)**产地加工**　采回的块茎应立即加工。若为晴天,应立即摊开暴晒2~3天,再放入火炉内摊开烘烤(若为阴天,可直接烘烤)。火力先大后小,每隔1天翻动1次;第二天火力相对小,每隔12小时翻1次;烘烤至第三天,炉温降至50~60℃,块茎上的须根和粗皮已干脆,取出放入撞笼内,撞掉残留的须根和粗皮,然后用麻袋盖上"发汗"3~5天,再次烘烤,炉温控制在50℃左右,并经常翻动,直至块茎干透。若仍然有残留的须根和粗皮,可以继续放入撞笼,至块茎光滑并呈淡黄白色即可。一般每亩产干货150~200千克,高产田一般每亩可产干货250~300千克。

泽泻成品以个大、色黄白、光滑、粉性足者为佳。

第二章
皮类中草药

一、杜 仲

1. 概述

杜仲为杜仲科植物杜仲的干燥树皮,别名"玉丝皮"、"丝棉皮"、"扯丝皮",系名贵木本药材。杜仲味甘、微辛、性温、无毒,具有补肝肾、健筋骨、强腰膝、降血压的功效,主治肝肾虚痛、足软无力、胎动不安、先兆流产、阳痿、便频等症。杜仲原产于我国,产地分布广泛,在长江、黄河流域均有栽培,其中以贵州、陕西、湖北、湖南、江西、四川、浙江、云南等地栽培居多。

2. 形态特征

杜仲树为落叶高大乔木。全株折断时有银白色胶丝相连。单叶互生,叶片呈卵状椭圆形,边缘有锯齿,幼叶上面疏被柔毛,下面柔毛较密;老叶上面光滑,下面叶脉处疏被毛;叶柄长1～2厘米。花为单性,异株,无花被,常先叶开放,雄花具雄蕊4～10枚,雌花具扁平、狭长的雌蕊1枚,柱头分2叉。翅果呈扁椭圆形,内有种子1粒。花期为3～4月份,果期为9～11月份。

3. 生长习性

杜仲的适应性很强,野生于海拔700～1500米的地方,抗寒能力较强,对气候和土壤条件要求不严,喜阳光充足、雨量丰富的湿润环境。

杜仲种子有一定的休眠特性,经8～10℃低温层积50～70天,发芽率可达90%左右。种子寿命较短,一般不超过1年,干燥后更易失去发芽能力,故种子采收后宜立即进行播种或用湿沙层积处理。

4. 栽培技术

(1)选地整地 选择土层深厚、疏松肥沃、排水良好的向阳地,每亩施腐熟的厩肥约4000千克、草木灰约150千克,与土混匀,深翻土壤,耙平,做成高15～20厘米、宽1～1.2米的高畦。低洼地要在苗圃四周挖好排水沟。

(2)繁殖方法 杜仲的繁殖可采用种子繁殖、扦插繁殖、根插繁殖或伤根萌芽繁殖等繁殖方法。生产上主要采用种子繁殖,多为育苗移栽。

①种子繁殖。

·播种时期。冬季11～12月份或春季2～3月份,月平均温度达10℃以上时播种,一般暖地宜冬播,寒地可秋播或春播,以满足种子萌发所需的低温条件。

·种子采收及处理。当秋天种子成熟后(10～11月份),选择15年生以上杜仲树的种子,在果实变成淡褐色或黄褐色时进行采收。

杜仲种子忌干燥,宜趁鲜播种。果皮含有胶质,妨碍种子吸水,可于播前进行种子处理。如需春播,则采种后应将种子进行湿沙层积处理,种子与湿沙的比例为1:10。播种前如不经处理,种子发芽率很低(50%左右);为提高种子的发芽率,播前应对种子进行处理,处理的方法有温汤浸泡法、层积处理法和激素处理法。

温汤浸泡法:将种子放入 60℃水中并搅拌至水温降至 20℃左右,保持水温 20℃左右,浸泡种子 2～3 天,每天换水 1～2 次。

层积处理法:将种子与干净湿沙混匀或分层堆放在木箱内,经过 15～20 天,种子露白后即可播种。

激素处理法:用 100～400 毫克/升的萘乙酸液浸种,待种子膨胀后稍晾干即可播种。经浸种处理后,种子发芽率可达 80%以上。

此外还可采用剪破翅果、取出种仁直接播种的方法提高种子的发芽率。

• 播种方法。杜仲的播种方式多采用条播,行距 20～25 厘米,每亩用种量为 8～10 千克。播种后盖草,保持土壤湿润,以利于种子萌发。幼苗出土后,于阴天揭除盖草。每亩可产苗木 3 万～4 万株。

• 移栽定植。秋季苗木落叶后至次年春季新叶萌芽前,可将幼苗移栽定植。定植前按 3 米×(2～2.5)米的行株距挖穴,穴宽约 80 厘米、深约 30 厘米,穴底施厩肥、饼肥、过磷酸钙等基肥 100 千克左右,将基肥与土混匀,然后将健壮、无病害的苗木置于穴内,使根系舒展、树苗挺直,再逐层加土压实,浇足定根水,最后覆盖一层细土,以减少水分蒸发,以利树苗成活。

②扦插繁殖。选择当年新生、木质化程度较低的嫩枝作插穗,扦插前 5 天剪去顶芽,这样可使嫩枝生长得更加粗壮,扦插后也容易生根。将插穗剪成 6～8 厘米长,每枝保留 2～3 片叶,将插穗下端距离最下端叶 0.5～1 厘米的地方削成光滑的马耳形,插入湿沙或珍珠岩基质中,深约 3 厘米,插后每天浇水 2～3 次,经 15～40 天插穗可长出新根,然后及时将插穗移入苗圃地,培育 1 年后即可定植。

③根插繁殖。在苗木出圃时,修剪苗根,取径粗 1～2 厘米的根,剪成 10～15 厘米长的根段,进行扦插。根段粗的一端微露地表,在断面下方可萌发新梢。成苗率可达 95%以上。

④伤根萌芽繁殖。将十年生以上、长势良好的杜仲树根皮挖伤,覆土少许,在根皮伤口处便能萌生出新苗,1 年后即可将苗挖出

移栽。

(3)田间管理

①育苗期苗圃管理。

·间苗、补苗。杜仲幼苗长出3~5片真叶时,按6~8厘米株距间苗、补苗,拔除弱苗、病苗。

·灌水、排水。杜仲幼苗不耐干旱,在幼苗期要注意保持土壤湿润。多雨季节要清理好排水沟,及时排除积水,以免影响幼苗生长。

·中耕除草。除草要做到随生随除,保持苗圃无草。一般中耕3~4次。

·追肥。在间苗后要及时追肥,4~8月份为杜仲的追肥期,每次每亩用充分腐熟的人粪尿约1000千克、硫酸铵或尿素5~10千克,加水稀释后施入土壤,每隔1个月追肥1次。立秋后可最后一次追施草木灰或磷肥、钾肥5千克左右,以利于幼苗生长和越冬。

②定植园管理。

·中耕除草。植株定植后1~4年内,生长季节每逢下雨或浇水后及时中耕除草。杜仲成林郁闭后,可每隔3~4年于夏季中耕除草1次或于冬季深翻1次,以保持土壤疏松湿润,有利于促进植株根系的发育,促进幼林生长。

·水肥管理。杜仲定植当年要经常浇水,以保持土壤湿润。每年4月份为杜仲树高生长的高峰期,应于春季每株施碳酸氢铵约20千克。5~7月份为杜仲树径的加速增长期,可于夏季每株施碳酸氢铵约20千克、过磷酸钙约50千克、氯化钾约10千克。冬季每株环状沟施有机肥125千克左右。施肥必须在雨后或浇水后进行,施肥深度约20厘米,以提高肥效利用率。如条件允许,可以施用杜仲专用肥,这样能显著地促进杜仲树高、树径的生长。

·修剪。苗木定植后,待萌条生长至50厘米以上时,及时摘心以控制萌条生长,促使主干加粗。为获得通直的主干,对定植1年、弯曲不直的苗,可于幼树当年落叶至第二年萌发前15天将主干平茬。平茬部位在离地面 2～4 厘米处,平茬后剪口处的萌条,除留一个粗壮萌条外,其余均除去。留下的萌条在生长过程中会萌发腋芽,必须及时抹去腋芽。一般当年幼树高 2.5～3 米,以后每年冬季将主干下部的萌条及时剪去,控制主干高度在 2.5 米左右。

• 喷施激素。杜仲苗木定植后从第二年开始,可喷施激素"杜皮厚",以促使杜仲树干增粗、树皮加厚。喷施激素可使杜仲增产 30%左右。

(4)病虫害防治

①立枯病。此病在土壤黏重、排水不良的苗圃地或阴雨天多发。幼苗常在 4 月份中旬至 6 月份中旬发病,病株靠近地面的茎秆皱缩、变褐、腐烂,以致站立死亡或倒伏死亡。立枯病的症状主要表现为烂芽、猝倒、根腐。

防治方法:选择疏松、肥沃、湿润、排水良好、pH 为 5.0～7.5 的土壤栽种杜仲;用 1%～3%硫酸亚铁溶液喷洒土壤进行消毒,每平方米用药约 4.5 千克,用药 7 天后播种;在种子处理前用 1%高锰酸钾浸泡种子约 30 分钟进行消毒;用 1:1:200 波尔多液喷洒苗圃地,每隔 10～15 天喷 1 次,共喷 3 次,或用 50%托布津 400～800 倍液、退菌特 500 倍液、25%多菌灵 800 倍液喷洒苗圃地。

②角斑病。角斑病一般在 4～5 月份开始发病,7～8 月份为发病盛期。此病主要为害叶片,病叶枯死早落,病斑多分布在叶片中间,表现为不规则暗褐色多角形斑块,叶片背面病斑颜色较浅。秋天病斑上长出黑灰色霉状物,即病菌的分生孢子和分生孢子梗,随后叶片变黑脱落。

防治方法:加强抚育,增强树势;冬季清除落叶,集中烧毁或深埋,减少传染病原;初发病时及时摘除病叶;发病后每隔 7～10 天喷施一次 1:1:100 波尔多液,连续喷 3～5 次。

③灰斑病。灰斑病一般于 4 月下旬开始发病,梅雨季节病害迅速蔓延,6 月中旬至 7 月下旬为发病高峰期。此病主要为害叶片,病

斑先从叶缘或叶脉处产生,初为紫褐色或淡褐色,以后扩大成灰色或灰白色凹凸不平的斑块,病斑上散生黑色霉层,即病菌的分生孢子和分生孢子梗。

防治方法:参照角斑病防治方法,也可在孢子萌发前喷0.3%五氯酚钠或一定浓度的石硫合剂。

④刺蛾。于夏、秋季发生,以幼虫蛀食叶片,造成孔洞和缺刻。

防治方法:在刺蛾发生期,用90%晶体敌百虫800倍液或青虫菊粉(每克含孢子100亿)500倍液加少量90%晶体敌百虫喷杀害虫。

5.采收与产地加工

(1)采收 植株定植10~15年后,选择粗大的树干,在每年的4~6月间进行剥皮采收,此时温度高,空气湿度大,树木生长旺盛,体内汁液多,容易剥皮,而且树皮再生能力强,有利于新皮再生。最好选在多云或阴天时进行采收,如果是晴天,宜在下午4点以后进行。采收方法主要有部分剥皮法、砍树剥皮法和大面积环状剥皮法。在植株生长期多采用大面积环状剥皮法。

①部分剥皮法。在离地面10~20厘米以上树干部位,交错地剥落树干周围面积1/4~1/3的树皮,每年可更换部位,如此陆续局部剥皮。

②砍树剥皮法。为保护资源,此法多在老树砍伐时采用,于齐地面处绕树干割一环状切口,按商品规格向上再割第二道切口,在两切口之间,纵割环剥树皮,然后把树砍下,如前法剥取,不合长度的和较粗树枝的树皮剥下后作碎皮供药用。茎干的萌芽和再生能力强,砍伐后如能在树桩上斜削平切口,可使杜仲很快萌发新梢,育成新树。

③大面积环状剥皮法。剥皮时先在树干上部分叉处的下方横割一圈,再在离地面约10厘米处横割一圈,然后从上到下纵割一刀,深达韧皮部,但不要伤害木质部,然后用手轻轻挑开树皮并剥下。剥皮时动作要轻,不能戳伤木质部外层的幼嫩部分,更不能用手触摸木质

第二章 皮类中草药

部,否则易使其变黑死亡。十年生杜仲环剥后,经过三年新皮能长到正常厚度,可再行剥皮。

杜仲剥皮后要注意养护,一般剥皮 3~4 天,剥面呈现淡黄绿色,表明已形成愈伤组织,会逐渐长出新皮。剥皮后若剥面呈现黑色,则预示植株不久就要死亡。剥皮后为避免烈日暴晒,应及时用地膜或薄膜包扎剥面(也可用牛皮纸包扎或用原皮包裹),包扎时注意上紧下松,以防雨水渗入,待 1 个月后解开包扎物。剥皮前适当浇水,剥皮后 24 小时内避免阳光直射。当年冬季注意防寒。

此外,为了增加杜仲药材的产量,定植 4~5 年以后的杜仲树可以开始采叶。可根据不同药用需求,选择不同时间采摘杜仲叶。如果用于提取杜仲胶,可收集落叶,除去枯枝烂叶即可。

(2)产地加工 将剥下的树皮用开水烫后,两两内面相对,以稻草垫底,放置在平地上,层层压紧,用木板加石头压平,四周以稻草盖严,使之"发汗"。经 1 周左右,在中间抽出一块进行检查,若呈紫色,即可取出晒干,刮去粗糙表皮。

杜仲成品以皮厚、块大、去净粗皮、断面丝多、内表面呈暗紫色者为佳。

二、丹　皮

1. 概述

丹皮来源于毛茛科牡丹的根皮,又名"牡丹皮"、"粉丹皮",为常用的清热凉血类中药。丹皮性微寒,味辛、苦,归心、肝、肾经,具有清热凉血、活血化瘀之功效,主治阴虚发热、无汗骨蒸及血滞、闭经等症。丹皮主产于安徽、山东、河南、河北等地,尤以安徽铜陵、南陵二县交界的"三山"地区所产的"凤丹"质量最佳。

2. 形态特征

牡丹为落叶小灌木花卉,植株高 1～2 米。根呈圆柱形,肉质,肥厚,外皮呈灰褐色或紫棕色,有香气。茎丛生,分枝短粗。叶互生,有柄,常为二回三出复叶,呈广卵形。花单瓣,呈白色略带粉红色,单生于枝顶。菁荚果形似五角星,外壳密生褐黄色毛。种子为黑色,具光泽。花期为 4～5 月份,果期 6～9 月份。

3. 生长习性

牡丹喜向阳、温暖、湿润的环境,耐寒,耐旱怕渍,怕高温,喜冬暖夏凉气候。其生长要求光照充足、雨量适中,土壤以土层深厚、排水良好的沙质壤土为宜,盐碱地、荫蔽地不宜种植,否则产量不高。种子有休眠特性,种子采收后先经 18～22℃ 的较高温度处理,再经 10～20℃ 的较低温度处理,才能打破其休眠。种子寿命为 1 年。栽种过牡丹的地块,要隔 3～5 年才能再种其他作物。

4. 栽培技术

(1)选地整地　选择土层深厚、排水良好、地下水位较低、坡度为 15°～25°、向阳、沙质壤土或壤土的地块。前作以芝麻、黄豆为好,忌连作。整地要求深耕细作,生荒地翻耕 3 次,熟荒地翻耕 2 次,熟地翻耕 1 次。耙平后做畦,畦宽 1.5 米左右,畦长视地形而定,畦间宽 30 厘米左右。

(2)繁殖方法

①品种选择。牡丹品种较多,品种和栽培目的不同,采用的繁殖方法也不同。安徽铜陵凤凰山所产牡丹(称"凤丹"),花单瓣,结籽多,根部发达,根皮厚,产量高,质量好,为药用优良品种,因而多采用种子繁殖。山东菏泽等地的牡丹以观赏为目的,花重瓣,大而美丽,多不结籽,故多采用无性繁殖。

第二章 皮类中草药

②种子繁殖。选无病害健壮植株,在7~8月份,当果实呈现蟹黄色时分批摘下,摊放在室内阴凉潮湿的地上,经常翻动,待大部分果壳开裂后,筛出种子,选粒大饱满的作种,尽早播种。若不能及时播种,要用湿沙土分层堆积在阴凉处。山东地区在播种前将新鲜种子用约50℃温水浸泡24~30小时,使种皮变软脱胶,种子吸水膨胀,易于萌发。也有些地区播前用赤霉素(25毫克/升)浸种2~4小时,可提高出芽率,并有利于培育壮苗。若在8月份中旬至9月份上旬播种育苗,可采用条播或点播的方式。条播时,按行距25厘米左右横向开沟,沟深约5厘米,播幅约10厘米,每沟播拌有湿草木灰的种子100~150粒,然后覆细土3厘米左右厚,最后盖草。每亩用种30~50千克。点播时,按行距30厘米、株距20厘米左右挖圆穴,穴深4~6厘米,穴底要平,穴内施入腐熟的人畜粪,然后每穴均匀播下4~5粒种子,覆细土约4厘米厚,再盖厚4厘米左右的草,以防寒保湿。每亩播种量约为50千克。如遇干旱天气,应及时浇水。

如管理得当,幼苗于第二年即可出圃,苗小的要到第三年才能移栽。幼苗一般于第二年9~10月份移栽,大小苗要分别栽种,以便于管理。在整好的地上按株行距约40厘米×50厘米打穴,穴深20厘米左右,穴长20~25厘米,将穴打成上高下低的斜坡。穴底掏平后,每穴栽大苗1株或小苗2株,壅土,将苗轻轻稍向上提,使根与土密接,然后填土,使土面略高于畦面,轻轻压实。移栽时要注意保持根的舒展,不能卷曲。每亩可栽苗3000~5000株。

安徽铜陵产区,在牡丹幼苗期和移栽后第一年常间作少量芝麻,以遮阴防旱。

③分株繁殖。无性繁殖多采用分株方法,种株以三年生的为好。在采收时将牡丹全株挖起,抖落泥土,顺着自然生长的形状,用刀从根茎处切开。分株数目视全株分蘖数目而定,每株留芽2~3个。栽植宜选小雨后进行,按行株距各约66厘米打穴,栽法同育苗移栽。

此外,还可采用嫁接繁殖和扦插繁殖,这2种方法多用于观赏牡丹品种的繁殖。

(3)田间管理

①苗期管理。翌年2～3月份幼苗出土，及时揭去盖草，并施1次草木灰，以提高地温。齐苗后，松土除草。立秋后浇清粪，每亩浇施清粪350～500千克，以后每月施1次，所用肥料可逐渐加浓，但应避免泥、肥溅污茎叶。冬季可将厩肥或畜粪铺盖在苗株四周，并清除枯枝落叶，然后培土盖草，以利于幼苗越冬。苗期注意防旱排涝和防治病虫害。

②中耕除草。移栽的幼苗第二年春季萌芽出土后，及时揭除盖草，并稍微扒开根际泥土，薄盖肥料，使根蔸得到光照，2～3天后结合中耕除草，再行培土。自栽后第二年起，每年中耕除草7～10次，从上坡往下坡浅锄，以免伤根。秋后封冻前的最后一次中耕除草时配合培土，以防寒过冬。

③施肥。牡丹喜肥，除施足底肥外，每年春、秋、冬三季要追肥。夏季高温不施肥，春肥施用清粪水，开花前增加适量的磷肥、钾肥。俗话说"重春肥烂根瘟，轻冬肥矮墩墩"，说明春肥要轻，冬肥要重。在追肥时，不论饼肥还是粪肥，均不宜直接浇到根部茎叶，一般在距苗约20厘米处挖3～4厘米深的小穴，将肥施入，然后盖上薄土。施肥量根据具体情况而定，秋、冬季节一般每亩施饼肥150～200千克、粪肥400～500千克。

④防旱排涝。牡丹需水量要求均匀。如遇干旱，要盖草，保持土壤水分，还可早晚浇一些清粪水，以增强植株的抗旱力。雨季要注意清沟排水，防止积水受涝。

⑤摘蕾修枝。除采种的植株外，生产上应将花蕾摘除，使养分供根系生长发育。摘蕾可在晴天的上午进行，以利于伤口愈合，防止病菌侵入。11月上旬，剪除枯枝黄叶与徒长枝并集中烧毁，以防病虫潜伏越冬。

(4)病虫害防治

①叶斑病。带病的茎、叶是此病的传染源。此病常发生在春、夏两季,主要为害叶片、茎部,叶柄也会受害。

防治方法:发现带病的茎、叶后,及时剪除,清扫落叶并集中烧毁;发病前后喷1:1:100波尔多液,每隔10天喷1次,连续喷数次。

②牡丹锈病。病株残叶是此病的传染源。此病多在4~5月份时晴时雨、温暖潮湿或地势低洼的情况下发生,主要为害叶片,6~8月份发病严重。

防治方法:收获后将病株残叶集中烧毁;选择地势高燥、排水良好的土地,做高畦种植;发病初期,喷波美0.3~0.4度石硫合剂或97%敌锈钠400倍液,每隔7~10天喷1次,连续喷多次。

③菌核病。带菌核的土壤是此病的传染源。菌核病多在春季造成茎、叶部发病,从幼苗期到成株期都可发生此病。

防治方法:与禾谷类作物轮作;在春季雨水多时,做好清沟排水工作,降低土壤湿度可降低发病率;早期发现病株时,带土挖出,病穴用石灰消毒,必要时对病穴周围喷50%托布津1000倍液。

④牡丹白绢病。带病菌的土壤、肥料是此病的传染源,尤其以红薯、黄豆为前作时,病情较严重,白绢病多在开花前后和高温多雨季节在根和根茎部发病。

防治方法:可与禾本科植物轮作,不宜与根类药用植物及红薯、花生、黄豆等作物轮作;栽种时用50%托布津1000倍液浸泡种芽;发现病株时带土挖出并烧毁,病穴用石灰消毒。

⑤根腐病。土壤中的病残体或种苗是此病的传染源。此病主要为害根部,在多雨季节发病重,随着病情加重,全株枯死。

防治方法:同菌核病防治。

⑥蛴螬。蛴螬为铜绿金龟子的幼虫,全年均可为害,以5~9月份较为严重;为害根部时,蛴螬将牡丹根部咬成凹凸不平的空洞或残缺破碎,造成地上部分长势衰弱或枯死,严重影响丹皮产量和质量。

防治方法:早晨将被害苗株扒开,进行捕杀;用灯光诱杀成虫;用50%辛硫磷乳油或90%晶体敌百虫1000~1500倍液浇注根部,或每亩用3%呋喃丹颗粒剂约2千克拌湿润的细土20~50千克,结合中耕除草沿垄撒施。

⑦小地老虎。此虫又名"地蚕",是一种多食性的地下害虫,一般在春、秋两季虫情最重,小地老虎常从地面咬断幼苗或咬食未出土的幼芽,造成缺苗断株。

防治方法:清晨日出之前,在被害苗附近进行人工捕杀;低龄幼虫期,用98%晶体敌百虫晶体1000倍液或50%辛硫磷乳油1000倍液进行喷杀;幼虫高龄阶段,可采用毒饵诱杀,每亩用98%晶体敌百虫或50%辛硫磷乳油100~150克溶解在3~5千克水中,喷洒在15~20千克切碎的鲜草或其他绿肥上,边喷边拌匀,再于傍晚顺行散在幼苗周围。

⑧钻心虫。此虫害多在春季发生,成虫在根茎处产卵,幼虫孵化后,钻入根部,逐渐向上蛀食,受害植株轻者茎叶枯黄,重者全株死亡。

防治方法:发现受害植株后,折断根茎,捕杀害虫;用80%以上浓度的晶体敌百虫800~1000倍液喷杀害虫,或每亩用2.5%敌百虫粉剂兑水喷洒地面。

⑨白蚁。施用饼肥时常会引来白蚁,白蚁一般蛀食植株的根皮,伤害嫩芽,植株受害后叶卷曲发黄。

防治方法:在白蚁未出洞前施用饼肥,勿接触根部;用新茶籽饼水或50%辛硫磷200~500倍液浇灌受害植株的根部。

5.采收与产地加工

牡丹分株繁殖一般生长3~4年,种子繁殖一般生长5~6年。采收时,于10月份将根挖出,取粗、长的根切下,洗净泥土,抽去木心,按粗细分级,晒干。另一种加工方法是用竹刀或碗片刮去外皮,抽出木质部,晒干,产品称"刮丹皮",一般每亩产量为500千克左右。

第三章
叶类、全草类中草药

一、桑 叶

1. 概述

桑叶为霜降后从桑科植物桑树上采收的干燥叶。桑叶味苦、甘,性寒,归肝、肺二经,具有疏散风热、清肺润燥、平肝明目、凉血止血的功效,主治风热感冒、肺热燥咳、头晕头痛、目赤昏花等症。桑树产区分布于全国各地,其中以安徽亳州所产的"亳白皮"较为著名。

2. 形态特征

桑树为落叶小乔木或灌木,高达15米。根皮呈黄色、红黄色或黄棕色,纤维性极强。叶互生,呈卵圆形或宽卵形,长7～15厘米,宽5～12厘米,先端尖,基部近心形,叶缘有粗锯齿,叶面鲜绿、无毛、有光泽,叶背颜色略淡,叶脉具疏毛和腋毛,基出三脉。桑树春、夏两季开绿色花,花为单性。桑树的花为雌雄异株,均为穗状花序,雄花有4枚花被片,雄蕊4枚,中央有不育雌蕊;雌花有4枚花被片,无花柱或花柱极短,柱头有2裂,宿存。桑树的聚合果又名"桑葚",初为绿色,成熟后变为黑紫色,部分桑果可为白色。花期为4月份,果期为5～7月份。

3. 生长习性

土层深厚、疏松肥沃的土壤适合桑树的栽培。桑树根系发达,萌发力强,生长快速,喜光。其枝条密度中等,能适应旱、湿、寒、温等多种环境,并且抗碱力强。桑树芽的生长集中于3月份中下旬至5月份上旬、6月份至8月份上旬和8月份下旬至9月份下旬。桑叶生长的适宜温度为23~27℃。

4. 栽培技术

(1) **选地整地**　选择土层深厚、土壤疏松肥沃的地块,并且地块远离污染源,能灌能排,最好选择水田。此外,在零星的山地、坡地、河滩地等都可以种植桑树。

(2) **繁殖方法**　桑树的繁殖方法主要有桑苗繁殖和桑枝扦插等方法。

①桑苗繁殖。种前先用磷肥加黄泥水浆根,提高桑苗的成活率。坡地及半旱水田平沟种,水田起畦种,可以根据实际情况按需要的规格拉线种植。种后回土至青茎的位置,踩踏板实后淋足定根水。遇上干旱时节要及时淋水,如果雨涝渍水则需要及时排水,有缺苗时及时补种。

桑树新梢长到约10厘米高时施第一次肥,每亩施粪水和尿素3~5千克;长到约15厘米高时,结合除草施第二次肥,每亩用农家肥250~500千克,复合肥约20千克,尿素约10千克,肥料离桑苗约7.5厘米远,以防止烧苗,必要时要开沟深施回土。第二次施肥后可选禾耐斯、都尔等旱地除草剂喷洒1次,隔20天后施第三次肥,每亩约施生物有机肥50千克,尿素20千克,同时喷1次乐果和敌敌畏。

②桑枝扦插。种前选择土质肥沃、不渍水的旱水田,犁好耙平。扦插时应选择距离根1米左右的成熟枝条,种植时间选择在12月份,随剪随种,扦插方法有垂直法和水平法。

第三章 叶类、全草类中草药

垂直法:将桑枝剪成12厘米(3~4个芽)左右,垂直摆在开好的沟内(芽向上),回土埋枝条(露1个芽),压实并淋足水,用薄膜盖住,保持土壤湿润,待出芽后去掉薄膜。

水平法:平整土地后,按实际需要开约4厘米深的沟,然后把剪好的约65厘米长的枝条平摆2条(为了保证发芽数),回土约2.5厘米深,轻压后淋水,满盖薄膜,待出芽后去膜。

待芽长高至约12.5厘米,结合除草,每亩薄施农家肥150~200千克、尿素7.5千克左右,20天后再施一次,每亩约施复合肥30千克、尿素15千克,施肥后进行除虫管理。

(3)田间管理

①覆盖。用稻草、杂草覆盖地面或桑行,可保水防旱,降低植株的失水程度,抑制杂草丛生,防止土壤板结,培肥土壤。

②防旱与排水。桑叶含水量一般为75%左右,含水量低于70%时桑叶的生长将受影响,低于50%时要及时灌溉,漫灌、沟灌、喷灌和淋水等方法均可。然而土壤水分也不能过多,雨季地下水位较高时,应排除积水。

③除草与松土。雨后土壤容易板结,应结合除草进行松土,以利于桑根生长。

④施肥。

- 肥料种类。桑园施肥推荐粪肥、饼肥、土杂肥、堆肥、塘泥、绿肥等有机肥料,此外辅以复合肥、尿素、过磷酸钙、氯化钾、硫酸钾、草木灰、石灰等无机肥料以及微量元素肥等。

- 施肥方法。有机肥如粪肥、饼肥等,必须经过腐熟后才能施入桑园。肥料一般在冬季剪伐后施入,也可在夏季剪伐后或其他时间施入。应开沟施入,土杂肥、绿肥的量如果较多,也可铺在行间。在发芽阶段淋粪肥效果较好。复合肥、尿素、过磷酸钙等也可作基肥,一般应开沟施入。将全年施肥量分春、夏两次开深沟施入,上半年施肥量占全年施肥总量的60%,下半年施肥量占全年施肥总量40%。

施肥后覆土压实,加盖杂草或绿肥。磷酸二氢钾、叶面宝、喷施宝等叶面肥对桑叶增产和品质的提升有一定效果。

⑤补种。桑园缺株会影响桑叶的产量,发现缺株时应及时补种。在种桑时应留一些预备株或在密植处间出部分植株,用来补缺,同时加强管理,使桑园的植株同步生长。

⑥剪伐与整形。

• 剪伐。合理的剪伐能减少花果,促进叶片营养生长,更新枝条,调整树冠内通风透光情况,促进新梢旺盛生长,减少病虫害,从而提高产叶量和叶质。药用桑叶多采用冬季剪伐且齐拳剪伐的方式(留主干高45厘米左右)。因每次剪伐都在同一部位,故形成拳头树杈。齐拳剪伐就是在拳头树杈处的枝条基部平剪枝条。采用这种剪伐方式时,枝条数量较多,产量较稳定。

• 整形。在栽培当年桑树发芽前,进行苗木定干,高度约为35厘米,在剪口下约15厘米的地方留3~5个芽,培养3个主枝。第二年春季发芽前,对第一层主枝进行短截,截留长度约为85厘米,发芽后选留第二层培育6个侧枝。第三年春季发芽前,对6个侧枝进行短截,截留长度约为120厘米。

(4)病虫害防治

①细菌性青枯病。此病发生后,主要为害叶片,病株叶片出现青枯。剥开根基部皮层,可见木质部有褐色条纹。

防治方法:加强田间管理,挖除病株,病穴用生石灰进行消毒;发病初期用72%农用硫酸链霉素可湿性粉剂4000倍液喷洒或灌根,或用14%络氨铜水剂350倍液喷洒或灌根,7~10天喷1次,连续喷2~3次。

②桑象虫。冬季用4~50度石硫合剂涂树干,春季萌芽前用50%杀螟松或甲胺磷1000倍液喷杀。

③桑瘿蚊、桑粉虱、金龟子等。用80%敌敌畏800~1000倍液喷洒来防治害虫,每隔7天1次,连续喷2~3次。

5. 采收与产地加工

9~10月份采收桑叶；采收自落或被竿子打下的叶子，去除杂质后晒干即可。

二、薄 荷

1. 概述

薄荷为唇形科植物薄荷的干燥全草。薄荷味辛、凉，归肺、肝经，具有宣散风热、清头目、透疹的功效，主治风热感冒、头痛、咽喉肿痛、无汗、风火赤眼、风疹、皮肤发痒等症。薄荷主产于江苏、安徽、江西等地，在全国各地均有栽培。

2. 形态特征

薄荷为多年生草本植物，高30~100厘米。薄荷具水平匍匐根状茎，茎下部数节具纤细的根。茎直立，锐四棱形，多分枝。叶对生，长圆状披针形至长圆形，先端急尖或锐尖，基部楔形至近圆形，在基部以上边缘疏生粗大的牙齿状锯齿，两面常沿叶脉密生微柔毛，其余部分近无毛。轮伞状花序为腋生，花冠呈淡紫色，外被微柔毛，内面喉部以下被微柔毛，冠檐有4裂，上裂片顶端2裂，较大，其余3裂近等大，雄蕊有4枚。小坚果呈卵球形，黄褐色。花期为8~10月份，果期为9~11月份。

3. 生长习性

薄荷喜阳光充足、温暖湿润的环境。土壤以疏松肥沃、排水良好的夹沙土为好。薄荷的耐热耐寒能力强，营养生长适宜温度为20~25℃；生育期间适宜温度为25~30℃，温差越大，越有利于薄荷油的积累。薄荷在生长前期和中期要求土壤保持湿润，封行后土壤以稍干为好,否则会影响薄荷的产量和品质。干旱环境及充足的光照对薄荷油、薄荷脑的形成和积累有利。薄荷不宜连作,否则会导致品种退化及杂化,病害加重。

4. 栽培技术

(1)选地整地 薄荷对土壤要求不严,除了过酸和过碱的土壤外,其他土壤都能栽培。选择有排灌条件、光照充足、土地肥沃、地势平坦的沙质壤土的地块栽培。光照不足、干旱、易积水的土地不宜栽种。结合深翻地,每亩施入腐熟的堆肥、土杂肥、过磷酸钙、骨粉等作基肥,将土地整平、耙细,浅锄一遍,做约1.2米的宽畦。

(2)繁殖方法 薄荷的繁殖方法主要是根茎繁殖和分株繁殖。种芽不足时可采用扦插繁殖。

①根茎繁殖。在田间选择生长健壮、无病虫害的植株作母株,挖起并移栽到另一块栽植地上,按行株距约20厘米×10厘米栽植;也可在收割薄荷后,将根茎留在原地培育,栽种时挖起作种根。培育1亩种根,可供大田移栽7~8亩。

薄荷的根茎无休眠期,只要条件适宜,一年四季均可栽种,但一般在10月份下旬至11月份或第二年3~4月份栽种,以10月份下旬至11月份栽培为好,此时栽培的薄荷生根快,发棵早。

栽培时选择节间短、色白、粗壮、无病虫害的薄荷作种根。在整好的畦面上,按行距25厘米开沟,开沟深度为6~10厘米。将种根切成6~10厘米长的小段放入沟内,株距为15厘米左右,浇施稀薄人粪尿,播种后及时覆土,避免根茎被风干、晒干,然后将地面耙平、压实。

②分株繁殖。选择生长旺盛、品种纯正、无病虫害的植株留作种用。秋季地上茎收后立刻进行除草、追肥,第二年4~5月份(清明至谷雨),苗高6~15厘米时,将老薄荷地里的苗连土挖出根茎,准备移栽。一般按行株距20厘米×15厘米,挖6~10厘米深的穴,每穴栽

2株薄荷幼苗,浇施稀薄人粪尿后覆土压紧。此法的繁殖系数较根茎繁殖低,可用来选育优良品种。

③扦插繁殖。5~6月份,将地上茎枝切成约10厘米长的插条,在整好的苗床上,按行株距7厘米×3厘米左右进行扦插育苗,待插条生根发芽后移植到大田培育。此法可获得大量营养苗,多用于选种和种根复壮,生产上一般不采用。

(3)田间管理

①查苗补苗。4月份上旬移栽后,苗高约10厘米时,要及时查苗补苗,保持株距15厘米左右,每亩留苗2万~3万株。

②中耕除草。第一次中耕除草于移栽成活后或苗高7~10厘米时进行,中耕宜浅,因薄荷根系大部分集中于表土层15厘米左右处,故不宜深锄,以免伤根。第二次于植株封行前进行,也宜浅锄表土。第三次中耕除草于第一次收割薄荷后进行,除净杂草的同时铲除老根茎,以促使薄荷萌发新苗。最后一次收割后再进行一次中耕除草,并结合清洁田园,将枯枝病叶集中烧毁或深埋。

③追肥。每次中耕除草和收割薄荷后都应追肥,所施肥料以氮肥为主,配合施用磷肥、钾肥和饼肥的效果好。如果单一施氮肥,则会使植株徒长,叶片变薄,而且容易倒伏、落叶。第一次可每亩浇施人畜粪水1000~1500千克,以后每次结合中耕锄草每亩施三元复合肥40~60千克,行间开沟深施,施后覆土。最后一次施的肥是冬肥,每亩用厩肥约2500千克、饼肥约50千克,厩肥与饼肥混合堆沤后,于行间开沟施入,施后覆土盖肥,以使第二年春季出苗整齐,生长健壮。

④灌溉排水。遇高温干燥及伏旱天气,应及时于早晚浇水,抗旱保苗。每次收割后要及时浇水湿润土壤,以利于新苗萌发。大雨后要及时疏沟排水,田间不能积水。

⑤摘心打顶。如果植株密度不大,则应在5月份选择晴天的中午摘去顶芽。将顶上两层幼叶摘去,可促进植株多分枝,有利于增

产。分株繁殖的幼苗生长较慢,而且密度也较小,通过打顶,可促进侧枝生长,增加植株密度,促进丰产。植株密度大的地块禁止摘心。

⑥除杂。薄荷种植几年后,均会出现退化混杂现象,主要表现为植株高矮不齐,叶色、叶形不正常,成熟期不一,抗逆性减弱,薄荷油产量下降。当发现野杂薄荷后,应及时去除,越早越好,最迟在地上茎长至 8 对叶之前去除,因为此时地下茎还未萌生,可以拔除干净。除杂工作宜选择雨后土壤松软时进行,既省力又减少对周围薄荷的影响。除杂工作要反复进行,二刀薄荷也要除杂 2~3 次。

(4)病虫害防治

①锈病。5~7 月份阴雨连绵时或过于干旱时植株易发此病。开始时在叶背上出现橙黄色粉末状物,即为病菌的夏孢子堆。后期发病部位上长出黑色粉末状物,即为病菌的冬孢子堆。严重时叶片枯萎脱落,甚至全株枯死。

防治方法:加强田间管理,改善通风透光条件,降低田间湿度;发病初期喷 25% 粉锈宁 1000~1500 倍液或 20% 萎锈灵 200 倍液、65% 代森锌可湿性粉剂 500 倍液;用 1:1:200 波尔多液喷杀病菌。药剂防治均在收割前 20 天左右停止进行。

②斑枯病。此病于 5~10 月份发生于叶部。初期叶两面出现近圆形病斑,很小,呈暗绿色;后期病斑逐渐扩大至近圆形(直径 0.2~0.4 厘米),或呈不规则形,暗褐色。老病斑内部褪成灰白色,呈白星状,上生黑色小点,有时病斑周围仍有暗褐色带。严重时叶片枯死、脱落,植株死亡。

防治方法:用 65% 代森锌可湿性粉剂 500~600 倍液或 1:1:200 波尔多液喷杀病菌。收获前 20 天左右应停止喷药。

③小地老虎。春季,小地老虎的幼虫咬断薄荷幼苗,造成缺苗断苗。

防治方法:清晨进行人工捕捉幼虫;每亩用 90% 晶体敌百虫约 0.1 千克与炒香的菜籽饼(或棉籽饼)5 千克左右做成毒饵,撒在田间

第三章 叶类、全草类中草药

诱杀害虫;每亩用2.5%敌百虫粉剂2千克左右,拌细土15千克左右,撒于植株周围,结合中耕,使毒土混入土内,可起到防虫保苗的作用。

④银纹夜蛾。幼虫咬食薄荷叶子,造成孔洞或缺刻。银纹夜蛾在5~10月份均可为害,以6月初至头刀收获期间危害最重。

防治方法:用90%晶体敌百虫1000倍液喷杀害虫。

薄荷的虫害除上述以外还有斜纹夜蛾、蚜虫、尺蠖等,斜纹夜蛾可按银纹夜蛾的方法防治,蚜虫、尺蠖等按常规方法防治。

5.采收与产地加工

(1)采收 北方每年可收割2次,头刀于6月份下旬至7月份上旬间进行,但不得迟于7月份中旬,否则会影响第二刀产量。第二刀在9月份下旬至10月份上旬开花前进行。南方可收割3次,分别于6月份上旬、7月份下旬和10月份中下旬进行。

收割时,选择在晴天中午12点至下午2点进行,此时收割的薄荷叶中薄荷油、薄荷脑的含量最高。每次收获时用镰刀齐地面将上部茎叶割下,留桩不能过高,否则影响新苗的生长。田间落叶也可扫集起来用于提取薄荷油或薄荷脑,以增加产量。

(2)产地加工

①薄荷全草。薄荷割回后,立即摊开阴干或晒干,不能堆积,以免发酵。晒时忌雨淋和夜露,晚上将薄荷移到室内摊开,防止变质。晒至七八成干时,扎成小把,继续晒干。

薄荷全草成品以身干、满叶、叶色深绿、茎棕紫色或淡绿色、香气浓郁者为佳。

②薄荷油。薄荷油的提取多采用水蒸气蒸馏法。蒸馏设备由蒸馏器、冷凝管、油水分离器三部分组成。薄荷割回后晒至半干,将茎叶装入蒸馏器内,加入1/3的水,密封后加热。当温度上升至100℃左右时,大量的水蒸气产生,通过导管进入冷凝管,遇冷后凝聚成液

体。这种含油和水的液体,流入油水分离器,再经过分离,即得薄荷油。一般100千克薄荷茎叶可出油1千克左右。

③薄荷脑。将薄荷油放入铁桶内,埋入冰块中(冰块由加1%氯化钠的水制成),使温度下降至0℃以下,薄荷油即结晶成薄荷脑析出,再经干燥即得薄荷脑粗制品。一般薄荷油中含薄荷脑80%左右。

三、半枝莲

1. 概述

半枝莲为唇形科植物半枝莲的干燥全草。半枝莲味辛、苦,性寒,归肺、肝、肾经,主治热毒痈肿、咽喉疼痛、肺痈、肠痈、瘰疬、毒蛇咬伤、跌打损伤、吐血、衄血、血淋、水肿、腹水等症。半枝莲主产于华北、华南、西南等地,多为野生。

2. 形态特征

半枝莲为多年生草本植物,常有匍匐的根状茎。茎直立,高15~50厘米。叶对生,呈卵形至披针形,长7~32毫米,宽4~15毫米,基部截形或心脏形,先端钝形,边缘具疏锯齿;茎下部的叶有短柄,顶端的叶近于无柄。轮伞花序有花2朵,集成顶生和腋生的偏侧总状花序;苞片披针形,上面及边缘有毛,背面无毛;花柄长1~15毫米,密被黏液性的短柔毛;花萼钟形,在花萼管一边的背部常附有盾片;花冠浅蓝紫色,管状,顶端二唇裂,上唇呈盔状、3裂,两侧裂片呈齿形,中间裂片呈圆形,下唇呈肾形;雄蕊4枚;子房4裂,花柱完全着生在子房底部,顶端2裂。小坚果呈球形,横生,有弯曲的柄。花期为5~6月份,果期为6~8月份。

3. 生长习性

野生半枝莲多生长于池沼边、田边或路旁潮湿处。半枝莲喜温暖湿润、半阴半阳的环境,对土壤条件要求不高,但过于干燥的土壤不利于半枝莲的生长。种子萌发的最适温度约为25℃,寿命为1年。

4. 栽培技术

(1) **选地整地** 栽培半枝莲的地块以山区和丘陵稻田为宜。由于半枝莲适应性强,所以在各地均可播种。播种前将土地耕翻一次,施足基肥,结合整地,平均每亩施入腐熟厩肥或堆肥约1000千克、饼肥或复合肥约25千克,再做成1.3~1.5米宽的高畦,并开好排水沟,将土地耙细、整平。

(2) **繁殖方法** 半枝莲的繁殖方法以种子繁殖为主,亦可分株繁殖。

①种子繁殖。

• 采种。种子采自于野生植株壮实的个体。秋季野生植株的籽粒转变为黄褐色时,应及时采集。采种后晒干,除去杂质,装入布袋,置于干燥通风处储藏备用。

• 育苗与移栽。育苗时间为春季3~4月份或秋季9~11月份。在整平、耙细的苗床上按行距15~20厘米开浅沟进行条播,播幅宽约10厘米,沟底铺撒适量的火土灰,沟内浇水或浇稀薄的人粪尿,然后均匀地撒上用细土拌好的种子,上面再撒一层薄薄的细火土灰或细黄土,最后盖上稻草等覆盖物。苗床要保持湿润,一般半个月左右即可发芽出苗。出苗后揭去盖草,加强苗期管理,待出土幼苗长到5厘米左右高时即可移栽大田。

春季所育的幼苗在9~10月份移栽,秋季所育幼苗于第二年3~4月份移栽。按行距25~30厘米开横沟,每隔7~10厘米栽1株。穴栽按株距、行距各约20厘米进行,每穴栽1株,栽后覆土压实,浇透定根水。

• 直播。直播一般选在春季进行。在整好的畦面上,按行距约30厘米开沟,沟深3~5厘米,将用细火土灰或细黄土拌匀的种子均匀地撒入沟内,薄薄地覆上一层细肥土,再盖上草,保持土层湿润。半个月左右出苗,齐苗后揭去盖草,做好苗期管理。每亩用种量约为1千克。

②分株繁殖。秋季收获后,将老株连同须根一同挖出。选择生长健壮、无病虫的个体,分成数小株(所分的小株上须根数在10根左右),然后在整好的栽种地上,按行距约30厘米、株距7~10厘米挖穴,每穴栽入分好的小株。栽后覆土压实,施入稀薄的人畜粪水,第二年春季可萌发出苗。

(3)田间管理

①中耕除草追肥。苗高1~2厘米时,结合除草浇施一次稀薄人粪尿水,每亩约施1000千克人粪尿水作提苗肥。苗高3~4厘米时,按株距3~4厘米定苗、补苗,而后各施一次人粪尿水。分株繁殖的半枝莲,当根蔸萌发新苗时,应结合中耕除草追肥一次,以后要保持田间无杂草。每次收割后,均应追肥一次,以促进新枝叶萌发。最后一次追肥在11月份收割后,此时应重施冬肥,平均每亩行间沟施腐熟厩肥2000千克、饼肥或过磷酸钙25千克(需经混合堆沤),施肥后覆土并培土,以利于保温防寒。

②排灌水。由于半枝莲喜潮湿的环境,所以在其苗期要经常保持土壤湿润,遇干旱季节更应及时灌溉。雨季及时疏沟排水,防止积水淹根。

(4)病虫害防治 半枝莲栽培中尚未发现病害,主要虫害有蚜虫、菜青虫等。

①蚜虫。4~6月份发生,每亩用10%吡虫啉可湿性粉剂20克兑水可喷杀蚜虫。

②菜青虫。5~6月份发生,用2.5%敌杀死乳油3000倍液或5%抑太保乳油1500倍液可喷杀菜青虫。

5.采收与产地加工

在长江以南各省区及西南部分省区,于夏、秋两季晴天时采收半枝莲。在花期割取地上植株,选择茎基离地面 2~3 厘米处割下,留茎基以利于萌发新枝。割取后,用水洗去茎基部的泥沙,除去杂草和杂质,摊开在太阳下晒至七成干,然后将茎扎成小把,再晒至全干,最后扎成大捆。数量大的可压成件,用草绳绑牢,置干燥处存放或待出售。一般一年可收割 3~4 次。

半枝莲成品以身干、茎暗紫色或棕色、叶片暗绿色或灰绿色、无杂质者为佳。

四、绞股蓝

1.概述

绞股蓝为葫芦科植物绞股蓝的干燥全草。绞股蓝味苦、微甘,性凉,归肺、脾、肾经,具有益气健脾、化痰止咳、清热解毒等功效。绞股蓝的产区广泛分布于长江以南各地。

2.形态特征

绞股蓝为多年生草质藤本植物,高 3~5 米。根状茎细长横走,有冬眠芽和潜伏芽。茎柔弱蔓状,节部疏生细毛,茎卷须多分 2 叉。叶互生,叶片为鸟趾状复叶,有小叶 3~7 枚;小叶呈卵圆形,先端渐尖,基部呈半圆形或楔形,边缘有锯齿,被白色刚毛。圆锥花序腋生,花为单性,雌雄异株;花小,呈黄绿色;花萼短小,有 5 裂;花冠有 5 裂,裂片呈披针形;雄花有雄蕊 5 枚,花丝下部合生;雌花子房下位,呈球形,具 2~3 室;有花柱 3 个,花柱的柱头有 2 裂。浆果呈球形,成熟时为紫黑色,表皮光滑。种子可有 1~3 枚,呈阔卵形,深褐色,表面有突起。花期为 6~8 月份,果期为 8~10 月份。

3. 生长习性

绞股蓝喜阴湿环境,忌烈日直射,耐旱性差。野生绞股蓝多分布在海拔 300～3200 米的山地林下、阴坡山谷和沟边石隙中,喜微酸性或中性的腐殖土。绞股蓝在 10～34℃ 的温度范围内均能正常生长,但以 16～28℃ 为适宜生长温度。空气相对湿度以 80% 为最佳。绞股蓝一般于 3～4 月份萌发出土,5～9 月份为旺盛生长期,8 月份下旬枯萎,全年生育期为 180～220 天。种子有一定的休眠特性,用流水处理可以在一定程度上解除种子的休眠特性。发芽适温为 15～30℃。种子寿命为 1 年。绞股蓝无性繁殖能力强,地下根状茎和地上茎的蔓节都可以萌发不定根和芽,长成新的植株。绞股蓝根系浅,主根与须根无明显区别,生长范围狭窄,根系吸收水肥能力差,其地上茎平铺于地面,在茎节处长出不定根,入土形成浅根系,扩大了吸收水肥的面积。

4. 栽培技术

(1) 选地整地 根据绞股蓝的野生习性,栽培地适合选择荒置的山地林下或阴坡山谷。阴沟边、岩壁下、背阴篱笆下及林缘阴湿地均适合栽培绞股蓝,也可安排在果园套种。一般土壤均能满足其种植要求,但以肥沃疏松的沙质壤土为好。每平方米土地施农家肥 3 千克左右作基肥,将土地翻耕、耙细,做成高约 1.3 米的畦,也可利用自然山坡地开畦种植。若要获得高产,则需要做畦,畦上施林下腐殖土或腐熟的有机肥料,将土肥混匀、耙细。平整畦面,畦宽以约 1 米为宜,长度根据具体情况而定。

(2) 繁殖方法 绞股蓝生产上常用根茎分段繁殖和茎蔓扦插繁殖,也可用种子繁殖。考虑到生产成本与生产周期,实际栽培多采用无性繁殖的方法。

① 根茎分段繁殖。此法在清明至立秋前后进行。将根状茎挖

出,剪成5厘米左右的小段,每小段1~2节,再按平均行株距50厘米×30厘米开穴,每穴放入1小段根茎,覆盖细土,土厚约3厘米,压实。栽后及时浇水,保持土壤湿润。

②茎蔓扦插繁殖。每年5~7月份,植株生长旺盛时,将地上茎蔓剪下,再剪成若干小段,每段3~4节,去掉下面2节的叶子,按10厘米×10厘米的平均行株距斜插入苗床,入土1~2节,浇水保湿,适当遮阳,约7天后即可生根。待新芽长至10~15厘米时,便可按平均行株距30厘米×15厘米移栽至大田。

③种子繁殖。可采用直播或育苗移栽的方法进行种子繁殖。清明前后,地表温度稳定在12℃以上时即可播种。按平均行距30厘米开浅沟或按平均穴距30厘米开穴,种子播前用温水浸泡1~2小时。播种后覆土约1厘米厚,浇水,至出苗前要经常保持土壤湿润。播后20~30天出苗,每平方米用种2~2.5克。当幼苗长至具2~3片真叶时,按株距6~10厘米间苗;苗高15厘米左右时,按株距15~20厘米定苗。育苗播种时间同直播时间,方式为撒播或条播,播后可在畦上盖草并浇水保湿。出苗后揭去盖草,幼苗具3~4片真叶时,选阴天移栽于大田。

(3)田间管理

①压土除草。绞股蓝根系不发达,但在茎蔓节间容易形成不定根,故可采用压土的方法扩大其根系,提高植株的吸收效率。藤蔓长约30厘米时,将其平铺在地上,每隔2~3个节压一把土,促进茎节生根。压土应在藤蔓封畦前进行,一般可压3次。在幼苗封行前,应注重中耕除草,并注意不宜离苗头太近,以免损伤地下嫩茎。

②追肥。在施足基肥的基础上,定植后1周即应施1次薄粪,以氮肥为主,配施少量尿素及磷肥、钾肥,每次收割或打顶后均要追1次肥。最后一次收割后施入冬肥,冬肥以厩肥为主。封冻前覆盖地膜,并盖上麦草、秸秆等覆盖物,保护地下部分过冬。

③打顶。当主茎长到30~40厘米时,趁晴天进行打顶,以促进

植株分枝。一年可打顶2次,一般摘去3～4厘米顶尖。

④搭架遮阳。苗期忌强光直射,可在播种时套种玉米或用竹竿搭1～1.5米高的架,上覆玉米秸、芦苇等遮阳物。由于绞股蓝自身的攀援能力差,在田间需人工辅助上架。一般在茎蔓长到50厘米左右时,将其绕于架上,必要时缚以细绳。搭架是绞股蓝生产中的一项重要措施。

⑤排灌。绞股蓝根系浅,喜湿润,故要经常淋水,每次淋水量不宜过多,以土层10厘米左右处刚好潮湿为标准。此外,雨季要注意排水,以免其受涝。

⑥留种。绞股蓝是雌雄异株植物,如果需要留种,则应在栽培中注意雌雄株的比例搭配。扦插栽培时可预先掌握雌雄株的比例,雌雄株的适宜比例为10:(3～5)。

(4)病虫害防治

①白粉病。绞股蓝白粉病为白粉菌科、单囊壳属真菌,自苗期至收获期均可发生,多发于植株生长后期,主要为害叶片。病叶上有枯黄色的病斑,叶面有白色粉状霉斑。

防治方法:清洁田园,及时找到发病中心,除去发病植株;用50%托布津可湿性粉剂500～800倍液喷杀病菌。

②白绢病。绞股蓝白绢病的病原为无孢目、小核菌属真菌,多在植物贴地的茎蔓处首先发现病变,然后病变蔓延扩大至叶片。病株根与茎呈暗褐色,有白色绢丝样菌丝体,病叶为暗褐色水渍状,呈现开水烫过一样的软腐。若不加处理,最终会导致植物整株枯烂死亡。

防治方法:加强田间水分管理,及时开沟排水,降低土壤湿度,增加植株间的透风度,及时拔除病株,病穴用石灰消毒;发病初期或发病前,喷75%百菌清可湿性粉剂500倍液或50%克菌丹可湿性粉剂500倍液,可喷洒在茎及周围土壤上,每隔7～10天喷1次,连续喷2～3次。

③三星黄萤叶甲。该虫害一般于4月份下旬始发,以幼虫和成

虫为害叶片。

防治方法:清洁田园;苗期用50%辛硫磷乳油1500倍液或90%晶体敌百虫1000倍液喷杀害虫。

④灰巴蜗虫和蛞蝓。这2种虫害主要为害叶片、芽和嫩茎,可撒施石灰粉或喷洒石灰水防治。

此外,还有小地老虎、蛴螬等为害绞股蓝,可以用速灭杀丁喷杀害虫。

5.采收与产地加工

(1)采收 绞股蓝每年可收割2次。第一次在6月份上旬,第二次在9月份;北方宜推迟采收,第一次在8月份,第二次于11月份中下旬下霜前进行。过早或过迟采收,绞股蓝的有效成分总皂甙含量不高。当茎蔓长达2~3米时,选择晴天收割,收割时应注意保留原植物地上茎10~15厘米,以利于重新萌发。第一次采收时,要在离地面约20厘米高处割下,保留4~7节,以利于萌发新梢。第二次采收时齐地面整株割下。

(2)加工 采收后将绞股蓝捆成小把,架空挂在竹竿上,置通风干燥处晾干,不可暴晒。晾至半干时,用刀切成10厘米左右的小段,继续摊晾至充分干燥。晾干后装入麻袋或塑料袋内,置通风干燥处储藏,保持干品色泽,防止霉烂。

五、紫 苏

1.概述

紫苏为唇形科植物紫苏的地上部分,紫苏的果实也可入药,称"苏子"。紫苏味辛、性温,归肺、脾经,具有发汗解表、理气宽中、解鱼蟹毒等功效,主治风寒感冒、头痛、咳嗽、胸腹胀满等症。紫苏在全国大部分地区均有栽培。

2. 形态特征

紫苏为一年生草本植物,株高60~180厘米,有特殊的芳香气味。茎呈方柱形,紫色或绿色,通常长有长柔毛,茎节部的柔毛较密。单叶对生;叶片宽卵形或圆卵形,长7~21厘米,宽4.5~16厘米,基部圆形或广楔形,先端渐尖或尾状尖,边缘具粗锯齿,两面紫色,或面青背紫,或两面绿色,上面被疏柔毛,下面脉上贴生柔毛;叶柄长短不一,长2.5~12厘米,密被长柔毛。轮伞花序有2朵花,组成假总状花序;每花有1枚苞片,苞片呈卵圆形,先端渐尖;花萼钟状,呈二唇形,具5裂,下部被长柔毛,内面喉部具疏柔毛;花冠为紫红色或粉红色至白色,二唇形,上唇微凹;子房有4裂,柱头有2裂。小坚果呈近球形,棕褐色或灰白色,表面有网纹,碾碎后油性大。花期为8~11月份,果期为9~12月份。

3. 生长习性

紫苏在我国种植应用有近2000年的历史,全国大部分地区均有种植,长江以南各地产有野生紫苏。紫苏喜温暖湿润的气候,适应性很强,对土壤要求不严,在排水良好的沙质壤土、壤土、黏壤土上或房前屋后、沟岸地边、果树幼林下肥沃的土壤上栽培,均能良好生长。前茬作物以蔬菜为好。

种子在地温5℃以上时即可萌发,适宜的发芽温度为18~23℃。苗期可耐1~2℃的低温。植株在较低的温度下生长缓慢,夏季是紫苏的生长旺盛期。温度在22~28℃时紫苏开花,适宜的空气相对湿度为75%~80%。紫苏耐湿、耐涝性较强,不耐干旱,尤其在植株旺盛生长阶段,如空气过于干燥,则长出的茎叶多较为粗硬、纤维多、品质差。

4.栽培技术

(1)选地整地 紫苏对气候和土壤的适应性都很强,若大面积种植,宜选择阳光充足、排水良好、疏松肥沃的沙质壤土或壤土。紫苏在重黏土中生长较差。将土壤耕翻约15厘米深,耙细、整平后做畦,畦宽和沟宽约为2米,沟深为15~20厘米。

(2)繁殖方法 直播和育苗移栽是紫苏常用的繁殖方法。

①直播。直播时间一般为春季,南北方播种时间相差1个月,南方为3月份,北方为4月份中下旬。在畦内进行条播,按平均行距60厘米开深2~3厘米的沟,把种子均匀撒入沟内,播后覆薄土。穴播按平均行距45厘米左右、株距25~30厘米播种,浅覆土。播后立刻浇水,保持土壤湿润。播种量为每公顷15~18.75千克。直播省工,植株生长快,成熟早,产量高。

②育苗移栽。在种子量不足、水利条件不好、干旱的地区采用此法。苗床应选择光照充足、暖和的地方,施农家肥料,配合施适量的过磷酸钙或草木灰。4月份上旬向畦内浇透水,待水渗下后播种,覆浅土2~3厘米,保持床面湿润,1周左右即可出苗。苗齐后需疏除过密的幼苗,并经常浇水、除草。待苗高3~4厘米、长出4对叶子时,选阴天或傍晚,在麦收后将幼苗栽植到麦地里。栽植前一天,给育苗地浇透水。移栽时,根部完整的苗易成活。随拔随栽,以株距为30厘米左右,开沟深15厘米左右为宜。把苗排好后覆土,浇水或稀薄人畜粪尿,1~2天后松土保墒。每公顷栽苗15万株左右,天气干旱时2~3天浇1次水,以后减少浇水量,须进行蹲苗,使苗根得以生长。

(3)田间管理

①松土除苗。封垄前要勤除草,直播地区要注意间苗和除草。条播地苗高约15厘米时,按30厘米左右株距定苗,多余的苗用来移栽。直播地的植株生长快,如果密度高,则易造成植株徒长,不分枝

或分枝很少。如此一来,虽然植株能达到一定高度,但植株下边的叶片因通风透光不足而易脱落,这会影响叶片和紫苏油的产量;同时,茎多叶少也影响全草的药用规格,所以间苗不宜迟。育苗田从定植至封垄期间,松土除草2次。

②追肥。紫苏生长时间比较短,定植后两个半月即可收获全草。由于紫苏以全草入药,故在其生长期间应以氮肥为主,在封垄前集中施肥。

直播地和育苗地均在苗高30厘米左右时追肥。行间开沟,每公顷施人粪尿15000~22500千克或硫酸铵约112.5千克、过磷酸钙约150千克,松土、培土,把肥料埋好。在封垄前再施一次肥,方法同上,但此次施肥不要碰到叶片。

③灌溉排水。播种或移栽后,若数天不下雨,则要及时浇水。雨季注意排水,疏通作业道,防止积水引起烂根和脱叶。

(4)病虫害防治

①斑枯病。此病从6月份到收获都有发生,主要为害叶片。发病初期在叶面上出现大小不同、形状不一的褐色或黑褐色小斑点,以后发展成近圆形或多角形的大病斑,直径为0.2~2.5厘米。病斑在紫色叶面上不明显,在绿色叶面上较明显。病斑干枯后常形成孔洞,严重时病斑汇合,叶片脱落。在高温高湿、阳光不足、种植过密、叶片通风透光差的条件下,紫苏比较容易发病。

防治方法:从无病植株上采种;注意田间排水,及时清理沟道;避免种植过密;发病初期,用80%代森锌可湿性粉剂800倍液或1∶1∶200波尔多液喷洒地面,7天喷1次,连喷2~3次,但在收获前半个月应停止喷药,以保证药材不带农药。

②红蜘蛛。红蜘蛛主要为害紫苏叶子,在6~8月份天气干旱、高温低湿时虫害最严重。成虫细小,一般为橘红色,有时为黄色。红蜘蛛常聚集在叶背面刺吸汁液,受害处最初出现黄白色小斑,后来在叶面可见较大的黄褐色焦斑,斑点扩展后,全叶黄化失绿,常见叶子

脱落。

防治方法：收获时收集田间落叶，集中烧掉；早春清除田埂、沟边和路旁的杂草；虫害发生期及早用 40％乐果乳油 2000 倍液喷杀害虫，但要求在收获前半个月停止喷药，以保证药材上不留残毒。

③银纹夜蛾。7～9 月份，红蜘蛛的幼虫开始为害紫苏，其叶子被咬成孔洞或缺刻，老熟幼虫在植株上作薄丝茧化蛹。

防治方法：用 90％晶体敌百虫 1000 倍液喷杀害虫。

5. 采收与产地加工

采收紫苏要在晴天进行，此时紫苏香气足，且易干燥。药用紫苏叶采收工作应集中在 7 月份下旬至 8 月份上旬紫苏开花前进行。苏子梗采收一般在 9 月份上旬紫苏开花前、花序刚长出时进行，用镰刀把植株从根部割下，倒挂在通风背阴的地方晾干，干后把叶子打下供药用。

苏子采收在 9 月份下旬至 10 月份中旬紫苏种子和果实成熟时进行。将割下的果穗或全株扎成小把，晒数天后，脱下种子晒干。每公顷一般可收获苏子 1125～1500 千克。如果需要留种，则应在采种的同时选留良种。选择生长健壮、产量高的植株，等到其种子充分成熟后再收割，晒干脱粒，作为种用。

六、荆　芥

1. 概述

荆芥为唇形科植物荆芥的干燥茎叶和花穗，又名"香荆芥"，土名"姜芥"。荆芥味辛、微苦，性温，归肺、肝二经，具有解表散风、透疹、消疮、止血等功效，用于感冒、麻疹透发不畅、便血、崩漏、鼻衄等症。其花序称"荆芥穗"，具发表、散风、透疹之功效。荆芥主产于安徽、江苏、浙江、江西、湖北、河北等地，在全国大部分地区均有栽培。

2. 形态特征

荆芥为多年生草本植物,全株高 40～150 厘米;茎基木质化,多分枝;茎为方茎,具浅槽,被白色短柔毛。叶片草质,卵状至三角状心脏形,长 2.5～7 厘米,宽 2.1～4.7 厘米,先端钝至锐尖,基部心形至截形,叶缘具粗圆齿或牙形齿,叶面呈黄绿色,被极短硬毛,叶背略发白,被短柔毛,叶脉上柔毛较密。侧脉 3～4 对,斜上升,在上面微凹陷,下面隆起;叶柄长 0.7～3 厘米,细弱。聚伞花序呈二歧状分枝,下部的腋生,上部的组成连续或间断的、较疏松或极密集的顶生、分枝状圆锥形花序;苞叶叶状,苞片、小苞片钻形,细小。花时花萼呈管状,长约 6 毫米,径约 1.2 毫米,外被白色短柔毛,内面仅萼齿被疏硬毛,齿呈锥形,长 1.5～2 毫米,后齿较长。花后花萼增大成瓮状,花冠白色,外被白色柔毛,内面在喉部被短柔毛,冠筒极细,直径约 0.3 毫米,自萼筒内骤然扩展成宽喉,冠檐二唇形,上唇短,长约 2 毫米,宽约 3 毫米,先端具浅凹,下唇 3 裂,中裂片近圆形,长约 3 毫米,宽约 4 毫米,基部心形,雄蕊内藏,花丝扁平,无毛。花柱线形,先端二等裂。花盘杯状,裂片明显。子房无毛。小坚果呈卵形,近三棱状,灰褐色,长约 1.7 毫米,直径约 1 毫米。花期为 7～9 月份,果期为 9～10 月份。

3. 生长习性

荆芥喜温暖湿润气候,对气候、土壤等环境条件要求不高,在我国南北各地均可种植。野生荆芥分布于海拔 800 米以下的开阔地及荒废地,常见于路边、沟塘边、草丛中与山地阴坡。种子发芽适温为 15～20℃,种子寿命为 1 年。幼苗能耐 0℃ 左右的低温,-2℃ 以下则会出现冻害。荆芥忌干旱、积水、连作。

4. 栽培技术

(1) 选地整地 种植荆芥宜选择阳光充足、地势平坦、排灌条件好、较肥沃湿润的土地。前茬作物收获后,每亩约施农家肥 3000 千克、磷肥 15 千克、尿素 10 千克、巴丹 2 千克,以减少地下虫害。深耕 25 厘米左右,整平,第二年结冻后再耕一次,耙平做畦,畦宽以 120 厘米左右为宜,长度根据地形和种子而定。荆芥种子很小,所以整地一定要精细,以利于出苗。

(2) 繁殖方法 荆芥多用种子繁殖,包括直播和育苗移栽。一般夏季采用直播,而春季采用育苗移栽。

①直播。在 5~6 月份麦收后立即整地做畦,按平均行距 25 厘米开深约 0.6 厘米的浅沟,以条播为好,可使种子通风透光,不易得病害。将种子均匀撒于沟内,覆土,稍加镇压。平均每公顷用种子 8 千克。直播也可选择春播或秋播,但秋播占地时间较长,一般较少采用。比较干旱的地区应早播或播前深灌。若是撒播,则要求播浅、播匀,播后用扫帚轻轻地拍一下地面。每公顷播种量为 15~22.5 千克。

②育苗移栽。春播宜早不宜迟,一般以撒播为主,种子上覆细土,以盖没种子为度,稍加镇压,并用稻草盖畦保湿。出苗后揭去覆盖物,苗期加强管理,苗高 6~7 厘米时,按平均株距 5 厘米间苗。5~6 月份苗高 15 厘米左右时,将荆芥移栽到大田,平均株行距为 15 厘米×20 厘米。

(3) 田间管理

①间苗补苗。出苗后应及时间苗。当直播的苗高 10~15 厘米时,按平均株距 15 厘米定苗。移栽时要培土固苗,如有缺株,应及时补苗。

②中耕除草。结合间苗进行中耕除草,中耕要浅,以免压倒幼苗。撒播的只需除草。移栽后,视土壤板结程度和杂草情况,可中耕除草 1~2 次。

③追肥。荆芥需氮肥较多,但为了促使秆壮穗多,应适当追施磷肥、钾肥。一般苗高10厘米时,每1000平方米追施人粪尿约2000千克,苗高20厘米高时施第二次肥,第三次追肥在苗高30厘米以上时施入,每1000平方米撒施腐熟饼肥约80千克,并可配施少量磷肥、钾肥。

④排灌。幼苗期应经常浇水,以利于生长,荆芥成株后抗旱能力增强,但忌水涝,若雨水过多,应及时排除积水。

(4)病虫害防治

①根腐病。此病在7～8月份高温多雨时易发,植株感染后地上部迅速萎蔫,根及根状茎变黑并逐渐腐烂。

防治方法:注意排水,播前每公顷用70%敌克松约15千克处理土壤;发病初期用五氯硝基苯200倍液浇灌病株根际。

②茎枯病。此病主要为害茎、叶和花穗。

防治方法:清洁田园;与禾本科作物轮作;每1000平方米施用约300千克堆制的菌肥,将其耙入土层3～4厘米深处。

荆芥的虫害有地老虎、银纹夜蛾等,防治方法同前。

5.采收与产地加工

在花盛开或开过花、穗绿色、部分种子变褐色、顶端的花尚未落尽时,采收的药材质量较好。选择晴天早晨露水刚过时,用镰刀从基部割下全株,边割边运,不能在烈日下晒,而应在阴凉处阴干,干后捆成把,为"全荆芥",割下的穗为"荆芥穗",余下的秆为"荆芥梗"。作种用的荆芥种子采收后,秆也可药用,但质量略差。"全荆芥"以色绿、茎粗、穗长而密者为佳。"荆芥穗"以穗长、无茎秆、香气浓郁、无杂质者为佳。

春播的荆芥于当年8～9月份采收;夏播的于当年10月份采收;秋播的于第二年5～6月份才能采收。

第四章
花、果实、种子类中草药

一、菊 花

1. 概述

药用菊花有别于观赏菊花,前者主要来自菊花中的白色菊花类型。传统药用菊花按照产地大致可分为亳菊、滁菊、贡菊和杭白菊四大类型。我国菊花的栽培历史悠久。药用菊花味甘、苦,性微寒,归肺、肝经,具有散风清热、平肝明目的功效,主治风热感冒、头痛眩晕、目赤肿痛、眼目昏花等症。药用菊花主要产于安徽省的亳州、滁州、歙县和浙江省的杭州桐乡。

2. 形态特征

菊花为多年生草本植物,株高 50～140 厘米,全株密被白色绒毛。茎基部稍木质化,略带紫红色,幼枝略具棱。叶互生,卵形或卵状披针形,长 3.5～5 厘米,宽 3～4 厘米,先端钝,基部近心形或阔楔形,边缘通常呈羽状深裂,裂片具粗锯齿或重锯齿,两面密被白绒毛;叶柄有浅槽。头状花序顶生或腋生,直径 2.5～5 厘米;总苞呈半球形,苞片3～4层,绿色,被毛,边缘膜质透明,淡棕色,外层苞片较小,呈卵形或卵状披针形,第二层苞片呈阔卵形,内层苞片呈长椭圆形;

花托小,凸出,呈半球形;舌状花为雌花,位于边缘,花瓣呈线状长圆形,可长达3厘米,先端钝圆,白色、黄色、淡红色或淡紫色,无雄蕊,雌蕊1枚,花柱短,柱头2裂;管状花两性,位于中央,黄色,每花外具一卵状膜质鳞片,花冠管长约4毫米,先端有5裂,裂片呈三角状卵形,聚药雄蕊5枚,花丝极短,分离,子房下位,呈矩圆形。瘦果呈矩圆形,具4棱,顶端平截,光滑无毛。花期为9~11月份,果期为10~11月份。

亳菊呈倒圆锥形或圆筒形,有时稍压扁呈扇形,直径1.5~3厘米,离散。总苞碟状;总苞片3~4层,苞片呈卵形或椭圆形,草质,黄绿色或褐绿色,外面被柔毛,边缘膜质。花托半球形,无托片、托毛。舌状花数层,雌性,位于外围,类白色,纵向折缩,散生金黄色腺点;管状花多数,花为两性,位于中央,为舌状花所隐藏,黄色,顶端有5齿裂。瘦果不发育,无冠毛。亳菊体轻,质柔润,干时松脆;气清香,味甘、微苦。

滁菊呈不规则球形或扁球形,直径1.5~2.5厘米。舌状花白色,不规则扭曲,向内卷,边缘皱缩,有时可见淡褐色腺点,舌状花层数为9层左右;管状花区域为黄色,直径较大。

贡菊呈扁球形或不规则球形,直径1.5~2.5厘米。舌状花白色或类白色,斜升,上部反折,边缘稍内卷而皱缩,通常无腺点;管状花退化、舌化,多外露。

杭白菊呈碟形或扁球形,直径2.5~4厘米,常数个相连成片。舌状花白色,平展或微折叠,彼此粘连,通常无腺点;管状花多数,外露。

3. 生长习性

菊花喜温暖湿润气候,喜阳光充足,忌遮阴;耐寒,稍耐旱,怕水涝,喜肥。其生长最适温度为20℃左右,在0~10℃或0℃以下也能生长,花期能耐-4℃左右的低温,根可耐-17~-16℃的低温。菊花对土壤要求不严,以地势高燥、背风向阳、疏松肥沃、含丰富的腐殖质、排水良好、pH 6.0～8.0、土质为沙质壤土或壤土的地块栽培为宜。忌连作,可与早玉米、桑、蚕豆、烟草、油菜、大蒜、小麦等套作。黏重土、低洼积水地不宜栽种菊花。

4. 栽培技术

(1) **选地整地** 栽培菊花应选择土层深厚、肥沃、地势高燥、排水良好的沙质壤土地块,宜选在向阳背风的地方。整地在3月份下旬至4月份上旬进行,栽培前翻耕土壤,翻耕25厘米左右深,将土面整平、耙细,做宽约1.3米的高畦。结合开沟整地,每公顷施猪圈肥或堆肥30000～75000千克作基肥。

(2) **繁殖方法** 菊花的繁殖方法很多,一般可分为分根繁殖、扦插繁殖、播种繁殖和压条繁殖等。药用菊花的繁殖方法以分根繁殖和扦插繁殖为主。

① 分根繁殖。在4～5月份间栽培,如栽得过早,气温低,则根嫩易断,植株生长慢,产量低。一般选择阴天把母株挖起,将菊苗分开,选择粗壮及须根多的种苗,斩掉菊苗头,留下约23厘米长的枝。栽培时用犁开沟,沟深13～16厘米;或用锄挖6～10厘米深的穴,行距为60～83厘米,株距为30～50厘米。栽培时要注意将根周围的土压紧,并及时浇水,如遇天旱需连浇水2次。也可在5～6月份将植株上发的芽连根分开,栽种在苗床上,行距约20厘米,株距约10厘米,每穴栽苗4～5株,麦收后定植。

② 扦插繁殖。收菊花时,把菊株留高一点(整株留得高,发芽才多),在第二年立春前后挖起老株,选择健壮、无病虫害、根茎白色的嫩芽,每株剪成10～13厘米长,每百株捆成一把,捆好以后,用剪刀剪去过长的根,然后进行育苗。苗床应选择肥沃、排水良好的沙质壤土。在扦插前半个月,将土深翻一次,翻耕深度约为23厘米。扦插前,土壤一定要疏松、细碎和清洁,然后做畦。一般畦宽130厘米左

右,长度视土地情况而定。剪好的种苗不能久放,应立即扦插,如放置过久,会降低其成活率。扦插最适宜的温度为15~18℃。扦插前要在整好的苗床上用锄头开横沟,沟距约16厘米,深约6厘米。每沟放苗约16株,株距约8厘米,苗先端出土3厘米左右,然后用细土覆盖半沟,压紧,再覆土,使土面与畦平齐。栽好后要盖一层草,以避免雨水使土地板结。育苗期应勤除草,保持足够的水分,约20天以后,再用清粪水催苗一次。一般菊花扦插20天后可生根,植株生长健壮后即可定植于大田,或栽植于麦茬地。

(3)田间管理

①中耕锄草。菊花缓苗后,不宜浇水,以锄地松土为主。第一次、第二次要深松土,使表土干松,地下稍湿润,以便根向下扎,并控制水肥,使地上部生长缓慢,否则在夏天不易通风透光,易发生叶枯病。第二次中耕除草时,在植株根部培土,保护植株不倒伏。每次中耕除草时均应注意勿伤茎皮,否则茎部内易生害虫,影响产量。中耕除草的次数应视气候而定,若能在每次大雨之后土地板结时浅锄一次,即可使土壤内空气畅通、菊花生长良好,并能有效减少病害。

②追肥。菊花根系发达,根部入土较深,须根多,吸收水肥能力强,所以需肥量大,一般施肥2次。栽植时,施入人粪尿250~400千克/公顷,加4倍质量的水。第一次打顶时,每公顷结合培土施入粪尿7500千克左右或硫酸铵150千克左右。第二次施肥在花蕾将形成时,每公顷用人粪尿11250~15000千克或硫酸铵150千克左右,使花瓣肥厚,提高菊花的产量及品质。除施入人粪尿或饼肥外,还可在孕蕾前每公顷施过磷酸钙150~225千克,促进植株结蕾开花;也可进行根外追肥,用2%过磷酸钙溶液均匀喷于叶面,操作方法是先将过磷酸钙用水溶解,充分搅拌,再用水泡1天,施前加足水并搅匀,用布袋过滤,于天气晴好的下午或傍晚喷洒地面,3~5天喷1次,共喷2~3次。

③排水灌溉。菊花喜湿润,怕涝,春季要少浇水,防止幼苗徒长,

浇水量视天气而定,保证成活即可。6月份下旬以后天气干旱时,要经常浇水。如雨量过多,应疏通排水沟,不能有积水,否则植株易生病害和烂根。

④打顶。打顶的目的是促使旁枝发育和多分枝条,增加单位面积上的花枝数量,提高药材产量。在菊花育苗期或分株时,肥料应供应充足,以使植株生长健壮。为了促使主干粗壮,减少倒伏,要打顶1~3次。第一次在5月份,可在定植前苗高约30厘米时打顶;第二次在6月份下旬;第三次不得迟于7月份下旬。

⑤选留良种。选择无病虫害、粗壮、花头大、层厚心多、花色纯正、分枝力强的植株作为种用,然后根据不同的繁殖方法进行处理。在同一地区的同一个菊花品种,由于多年的无性繁殖,往往有退化现象,病虫害多,植株生长不良,菊花产量低,同时其中亦有变种,故选留良种时,应特别注意选留性状良好的变种,加以培育和繁殖。必要时,可从其他地区引种。

(4)病虫害防治

①叶枯病。叶枯病又叫"斑枯病",在菊花整个生长期均可发生,在雨季发生较为严重。植株下部叶片首先被侵染,发病初期,叶片上出现圆形或椭圆形的褐色病斑,病斑中心为灰白色,周围有一个淡色的圈;发病后期,病斑上生有小黑点,病斑扩大后,造成整个叶片干枯,严重时全株叶片干枯,仅剩顶部未展叶的嫩尖。

防治方法:菊花采收完后,集中残株病叶并烧毁;前期控制土壤水分,保证通风透光,雨后及时排水;发病初期,去除病叶;用1:1:100波尔多液或65%代森锌可湿性粉剂500倍液喷施,7~10天喷1次,连续喷3~4次。

②菊天牛。菊天牛也叫"蛀心虫",在7~8月份菊花旺盛生长时,在菊花茎梢啃咬出小孔并产卵,幼虫孵化后即在茎中蛀食。受害处可见许多成团的小粒虫粪,使伤口以上的茎梢萎蔫,因为茎秆中空,故枝条易断,或伤口愈合时肿大成结节。卵孵化后,幼虫钻入茎

内,向下取食茎秆,故在发现菊花断尖之后,必须在茎下摘去一节,收集并烧掉以减少其危害,否则会造成整株和更多的植株枯死。

防治方法:从萎蔫断茎以下3~6厘米处摘除受害茎梢,集中烧掉;成虫发生期,于清晨露水未干前,进行人工捕捉,或用50%磷胺乳油1500倍液喷杀成虫。

③大青叶蝉。大青叶蝉的成虫、若虫主要为害叶片,被害叶片出现小黑点。

防治方法:用40%乐果乳油2000倍液或50%杀螟松乳油1000~1200倍液喷杀害虫。

④蚜虫。蚜虫的成虫、若虫通常吸食茎叶汁液,严重时造成茎叶发黄。

防治方法:冬季清园,将枯株和落叶深埋或烧掉;虫害发生期喷洒50%杀螟松1000~2000倍液、40%乐果乳油1500~2000倍液或80%敌敌畏乳油1500倍液,7~10天喷1次,连续喷数次。

此外,菊花常见的病害还有根腐病、霜霉病、褐斑病等,可按常规方法防治和处理。

5.采收与产地加工

(1)采收 一般于霜降至立冬期间采收,以管状花(即花心)散开1/2至2/3时为适宜采收期。在11月份上旬霜降后采收第一次,此次采收量约占总产量的50%,5~7天后采收第二次,此次采收量占总产量的30%,再过7天采收第三次,此次采收量占总产量的20%。采收菊花宜选在晴天露水干后进行,否则沾上露水的花容易腐烂、变质且花的颜色和质量较差。

采下的鲜花应立即干制,切忌堆放,最好做到随采随烘干,以减少损失。菊花采收完后,用刀割除地上部分,随即培土,并在菊花的根部覆盖熏土。

(2)产地加工 菊花品种繁多,各地均有传统的加工方法。

亳菊：在花大部分已经盛开、花瓣普遍呈白色时，连茎秆割下花朵，分2~3次将菊花采收完。将茎秆扎成小捆，倒挂于通风干燥处晾3~4周，不能暴晒，否则菊花的香气减少。

滁菊：采后阴干、熏白，晾至六成干时，用竹筛将花头筛成圆球形，再晾至全干即成。晾晒时切忌用手翻动，可用竹筷轻轻翻动。

贡菊：采后置烘房内烘焙干燥，以无烟的木炭作燃料。烘房温度控制在40~50℃。烘时将贡菊摊放在竹帘上，待烘至九成干时，将温度降低到30~40℃。

杭白菊：传统加工采用烧柴小灶蒸花的方法。选择外缘直径不少于50厘米的铁锅，把菊花铺放在蒸花盘内（蒸花盘用竹篾编成，周边斜上，上缘直径为37~39厘米），铺成约3厘米厚，过厚则花朵不易蒸好。锅水烧开后，放入2~3只蒸花盘，上盖木锅盖。蒸花火力要猛而均匀，每蒸一次加一次热水。锅水不宜过多，以免水沸后溅湿蒸花盘，影响菊花质量。蒸花时间为4~4.5分钟，若蒸的时间过短，则出现生花，刚出笼时花瓣不服贴，颜色灰白，经风一吹则成红褐色；若蒸的时间过长，则花过熟，影响产品质量。将蒸好的菊花放在竹帘上晒干，未干时不要翻动，晚上收进室内，不能压到，如此反复几天，直至花心完全变硬即可进行储藏。

二、红　花

1. 概述

红花为菊科植物红花的干燥花，又叫"红蓝花"，具活血通经、祛痰止痛等功效。红花的果实也可入药，称"白平子"。红花油具有降低胆固醇和高血脂、软化和扩张血管、防衰老和调节内分泌等功效。红花主产于新疆、河南、四川、浙江、安徽等地，在全国各地多有栽培。

2. 形态特征

红花为一年生或二年生草本植物,株高 1~1.5 米,全株光滑无毛。茎直立,下部木质化,上部多分枝。单叶互生,近无柄,基部略抱茎;叶片呈卵状披针形或长椭圆形,边缘有不规则的浅裂,裂片先端有锐刺,叶片两面光滑,深绿色,两面的叶脉均隆起。头状花序顶生,有多数管状花,总苞呈叶状,边缘具锐锯齿;花冠先端有 5 裂,裂片呈线形,红色或橘红色,雌蕊 1 枚,雄蕊 5 枚;子房下位,具 1 室。瘦果白色,呈倒卵形,通常有 4 棱,外皮稍有光泽。花期为 5 月份,果期为 6 月份。

3. 生长习性

红花的适应性较强,喜温和干燥、阳光充足的环境,有一定抗旱、抗寒能力,忌高湿、高温,对水肥及土壤条件要求不高。红花属于长日照植物,短日照有利于其营养生长,而长日照则有利于其生殖生长。

红花种子容易萌发,5℃以上就可萌发,发芽适温为 15~25℃,发芽率为 80% 左右。种子寿命为 2~3 年。

4. 栽培技术

(1)**选地整地** 种植红花宜选择地势高燥、土壤肥力中等及排水良好的沙质壤土地块。红花忌连作,前作以花生、大豆、小麦为宜。整地时每亩施堆肥 2500 千克左右,加过磷酸钙 15 千克左右,翻耕、耙平,在水多的地区宜做高畦种植。

(2)**繁殖方法** 红花一般用种子繁殖,可选择秋播或春播。

①留种技术。红花采收后 10~15 天,种子即可成熟。选择无病、丰产、种性一致的植株留种。红花分有刺和无刺 2 种类型,生产上为便于管理及采收,可选用无刺类红花,但在炭疽病和实蝇危害严

重的地区,宜选用有刺类型。将留种红花全部拔出或割下,晒干,打下种子。

②播种时期。一般秋播在9~10月份进行,春播在3~4月份进行,各地应根据具体的气候情况选择合适的播种期。若播种过早,则幼苗生长过旺,根部容易开裂,来年植株抽茎早,植株高,产量低。若播种过晚,则出苗不整齐或幼苗个头过小,难以越冬。

③种子处理。将红花种子进行温汤浸种,可以预防红花炭疽病。具体方法是将红花种子置于10~12℃的水中浸泡10~12小时,捞出后置于48℃温水中预热约2分钟,再在53~54℃水中浸泡约10分钟,捞出置冷水中冷却,晾至表面干燥后播种。

④播种方法。红花的播种可采用条播或穴播。条播是在整好的地块上按平均行距30厘米、沟深约3厘米开沟,将处理后的种子均匀撒入沟内,覆土,略加镇压,每亩用种量为2.5~3千克。穴播时,开33厘米×33厘米左右的穴,穴深约3厘米,每穴播4~5粒种子,覆土,镇压,一般每亩用种量为1.5~2千克。播种后7~10天红花即可出苗。

(3)田间管理

①间苗。按株距15厘米左右定苗,间去病苗、弱苗和过大、过小的苗,保留中等的壮苗。

②防寒。对于秋播的红花,应于12月份下旬将红花苗两旁的土踩实。在封冻前浇封冻水一次,保持田间湿润,使土壤和根密切接触,以利于红花安全越冬。

③排水、灌水。红花喜干燥,但在出苗前、越冬期、现蕾期和花期,需保持土壤湿润,这在红花开花前和花期尤为重要。如遇干旱,则应及时灌水。5月份中旬以后,如雨量增加,气温升高,则要及时挖沟排水,减少病害发生。

④追肥。在红花生长期,花蕾肥充足与否对红花产量影响很大。如前期肥料过多,则会促使红花徒长,植株易折断,而且过早封行郁

闭、不通风会使病虫害加重。因此,追肥可分2次进行。第一次在定苗前后,轻施提苗肥;第二次在孕蕾期,重施一次肥,一般每亩用粪肥1500～2000千克,混合硫酸铵5千克左右,促使蕾多蕾大。如果基肥足、苗情好,那么第一次追肥亦可省略。

⑤培土壅根。红花抽茎后,上部分枝多,易倒伏,需在5月份上旬进行培土壅根。

⑥打顶。红花抽茎后掐去顶芽,可促使其分枝和花蕾数增多。

(4)病虫害防治

①炭疽病。炭疽病是红花的主要病害,通常为害茎、花枝、叶片。植株发病初期,叶部出现圆形褐色病斑,后期破裂;茎秆部的病斑为梭形,常相互连接使茎部腐烂,使植株不能现蕾或花蕾下垂不能开放,严重者全株枯死;多于5～6月份发病。

防治方法:选用抗病品种,一般有刺红花比无刺红花抗病性强;选择地势高燥、排水良好的地块,做高畦种植,忌连作;4月份下旬开始喷1:1:100波尔多液、50%退菌特可湿性粉剂1000倍液或65%代森锌可湿性粉剂500倍液,7～10天喷1次,连续喷数次。

②枯萎病。枯萎病主要表现为主根变黑腐烂,茎髓部变成褐色,茎部呈麻丝状,有时可见橙红色黏性分泌物,最后地上部分干枯萎蔫。枯萎病一般于5月份上旬开始发生,雨季病情严重。

防治方法:拔除病株,并用石灰对病穴进行消毒;与禾本科作物轮作;选用无病植株留种;收获后清园,将病残株集中烧毁。

③锈病。锈病在4～5月份始发,高湿低温环境易导致植株发病。锈病主要为害叶部。

防治方法:选择地势高燥地块或做高畦种植红花;用0.4%种子量的15%粉锈宁拌种;植株发病初期,用15%粉锈宁500倍液进行喷施;增施磷肥、钾肥。

④黑斑病、轮纹病。这两种病在5月份至收获期均可为害红花,主要为害叶片。受害植株病部出现近圆形的褐色病斑,上生小黑点,

轮纹病病斑较黑斑病病斑大,且有同心轮纹。

防治方法:与禾本科作物轮作;在受害植株发病前及发病初期喷1:1:100波尔多液或65％代森锌可湿性粉剂500倍液,每隔7天喷1次,连喷数次。

⑤菌核病。菌核病主要表现为受害植株叶色变黄,枝变枯,根部或茎髓部出现黑色鼠粪状菌核,多于5~6月份发生。

防治方法:同枯萎病。

⑥红花实蝇。花蕾期成虫产卵于花蕾中,以幼虫在其中钻食为害,造成烂蕾,使植株不能开花或开花不完全,对红花的产量影响很大。

防治方法:清园,处理残株;红花忌与白术、矢车菊等间作或套作;在花蕾现白期喷40％乐果乳油1000倍液或90％晶体敌百虫800倍液,1周后再喷1次。

⑦蚜虫。蚜虫以幼虫为害嫩苗、花头和幼嫩种子。

防治方法:用90％晶体敌百虫800倍液或40％乐果乳油1000倍液防治虫害。

5.采收与产地加工

(1)采收 夏季红花由黄变红时,于早晨分批采摘。若采摘浅黄色或橘黄色花,则花干后为黄色,不鲜艳,质地松泡;若采摘红色或深红色花,则花干后为暗红色,油性小,也会影响红花的产量和质量。采摘一般于每天早晨花冠露水稍干或带露水时进行,摘取花冠时要向上提拉,否则会撕裂花头,影响种子产量。

果实在花采收后3周左右成熟,此时割取花头,晾干后脱粒作种、入药或榨油。

(2)产地加工 采收后的红花要及时摊放在席子上晾干或烘干,烘干时温度控制在40~50℃。不要在强光下暴晒,可盖一层白纸在阳光下进行干燥,或在阴凉通风处摊开晾干,不能成堆搁置或用手翻动,以免其发霉变黑。

红花成品以花长、色红黄且鲜艳、质柔软者为佳。

三、金银花

1. 概述

金银花为忍冬科植物忍冬的干燥花蕾或初开的花,又名"忍冬花"、"双花"。金银花味甘,性寒,具有清热解毒、疏散风热的功效。金银花在全国大部分地区都有栽培,主产于河南密县、荥阳、登封、新郑、巩县和山东平邑等地,河南产的金银花称"密银花",山东产的金银花称"东银花"。

2. 形态特征

金银花为多年生灌木。茎中空,多分枝,幼枝密生褐色短柔毛。叶对生,叶片卵圆形或长圆形。花芳香,成对腋生;花冠初开时为白色,2~3天变为金黄色。浆果呈球形,成熟时为黑色。花期为4~7月份,果期为8~10月份。

3. 生长习性

金银花喜温暖湿润气候,抗逆性强,耐寒、耐涝、耐旱、耐盐碱、耐高温。花芽分化的适宜温度为15℃左右,生长适宜温度为20~30℃。金银花喜阳光充足的环境,光照对植株生长发育影响很大,阳光充足能使植株生长发育旺盛,从而增加花的产量。种子寿命为2~3年。

4. 栽培技术

(1)选地整地 金银花对土壤条件要求不严,但宜选择阳光充足、土层深厚、疏松肥沃、富含腐殖质的地块来栽种。栽前每亩地施

第四章 花、果实、种子类中草药

农家肥4000千克左右,深耕、细耙;种子繁殖时,可做成约1米宽的平畦;扦插繁殖时,可不做畦。

(2)繁殖方法 金银花的繁殖方式可采用种子繁殖或扦插繁殖,生产上多采用扦插繁殖。

①扦插繁殖。此法一般于夏、秋季阴雨天气进行。选择长势旺、无病虫害的一年生或二年生枝条,截成30~35厘米长的插条,剪去下部叶子。在选好的地上,按平均行距160厘米、平均株距150厘米挖穴,穴深约16厘米,每穴插5~6根插条,插条要分散开且斜立于土中,地上露出7~10厘米,随剪随插,栽后填土、压实并浇水。

为节约插条和方便管理,常采用扦插育苗移栽法。育苗地要选有水源的地方,按平均行距20厘米开约15厘米深的沟,把插条按3厘米左右的株距斜插在沟里,地面露出8~10厘米,填土、压实,栽后浇水,保持土壤湿润,半个月左右插条即可生根发芽,于当年秋季或第二年春季进行移栽。

②种子繁殖。11月份采下成熟果实,放到水中搓洗,去净果肉和瘪籽,取出饱满种子晾干。第二年4月份将种子放在35~40℃的温水中浸泡约24小时,取出种子拌2~3倍湿沙进行催芽,待30%的种子有裂口时即可播种。将整好的畦放水浇透,待表土稍干时,整平畦面,按平均行距20厘米开浅沟,将种子均匀撒入沟内,覆土1厘米左右厚,稍加镇压,土上再盖一层草,并保持土壤湿润。种子播后10余天即可出苗。秋后或第二年春季移栽,移栽方法同扦插繁殖。每亩用种量为1.5千克左右。

(3)田间管理

①中耕除草、培土。栽培过程中要及时进行中耕除草,先深后浅,勿伤根部。每年早春和秋后封冻前,要进行培土,防止根部外露。

②追肥。追肥可结合培土进行。在花墩周围开沟,将肥料撒于沟内,上面用土盖严。肥料以农家肥为主,配施少量化肥,施肥量可根据花墩大小而定。一般多年生的大花墩,每墩可施农家肥5~6千

克、复合肥50~100克。此外,采花后,有条件时可追肥1次。

③整枝修剪。定植后的第一年和第二年,对原苗木的主干进行整枝修剪,选留2~4条发育健壮的主干,摘除顶梢,剪除其他枝条,抹尽边芽,反复多次修剪,以促进主干增粗定型,使整株的株型成伞状。定型后,每年冬、夏两季进行修剪。冬季修剪在12月份至第二年2月份下旬进行;夏季修剪在每次采收花后进行,第一次于6月份上旬剪春梢,第二次在7月份下旬采收二茬花后剪夏梢,第三次在9月份上旬采收三茬花后剪秋梢。冬剪主要掌握"旺枝轻剪,引枝重剪,枯枝全剪,枝枝都剪"的原则,一般壮枝保留8~10对芽,弱枝保留3~5对芽,而对于细、弱、病、枯和缠绕枝、高叉枝则要全部剪除。夏剪宜轻,一般在前茬花采收后,将长势旺的枝条剪去顶梢,以利于新枝萌发,对生长细弱、叶片发黄、影响通风透光的小枝条应从根部疏除。夏剪得当对二茬花和三茬花有明显的增产作用。

④越冬保护。在寒冷地区或冬季特别严寒的年份种植金银花时,要注意保护老枝条越冬。老枝条若被冻死,则次年的重发新枝开花少,产量低。一般可在封冻前,将老枝平卧于地上,上盖稻草6~7厘米厚,草上再盖土,以利于其安全越冬,第二年春萌发前再去掉覆盖物。

(4)病虫害防治

①褐斑病。褐斑病主要为害叶部,植株发病后叶片上病斑呈圆形或多角形,黄褐色,潮湿时背面生有灰色霜霉状物;多于6~9月份发生,尤以高温多湿时发病严重。

防治方法:清除病枝落叶,集中烧毁或深埋;增施磷肥、钾肥,提高植株抗病能力;植株发病初期用1:1:200波尔多液或65%代森锌可湿性粉剂500倍液喷施。

②咖啡虎天牛。五年生以上的植株受害严重。咖啡虎天牛以幼虫蛀食枝干,1年发生1代,初孵化的幼虫先在木质部表面蛀食,当幼虫长到3毫米以上时,开始向木质部纵向蛀食,形成曲折虫道。该虫

第四章 花、果实、种子类中草药

害多于 5～6 月份发生。

防治方法:用糖醋液(糖、醋、水、敌百虫的配比为 1:5:4:0.01)诱杀成虫;在 7～8 月份释放其天敌天牛肿腿蜂,进行生物防治。

③尺蠖。尺蠖一般于 6～9 月份发生,以幼虫咬食叶片。

防治方法:冬季清洁田园;发现幼虫后立即喷洒 95% 晶体敌百虫 800～1000 倍液。

④蚜虫。蚜虫以成虫、幼虫刺吸叶片汁液,使叶片卷缩发黄,造成花蕾畸形,影响金银花的产量和质量。

防治方法:可喷洒 40% 乐果乳油 1000 倍液或 50% 抗蚜威 1000～1500 倍液,7～10 天喷 1 次,连喷 2～3 次,最后一次须在采花前 10～15 天进行喷洒,以免农药残留影响花的质量。

5. 采收与产地加工

(1) 采收 一般在 5 月份中下旬采收一茬花,以后每隔 1 个月左右采收一茬,6 月份中下旬采收二茬花。花蕾上部膨大但未开放、呈青白色时采收最佳。采收过早,花蕾呈青绿色且嫩小,产量低;采收过晚,花已开放,会降低产品质量。

(2) 产地加工 花采下后,不宜堆放,应立即晾晒或烘干。将花蕾放在晒盘内,厚度以 3～6 厘米为宜,以"当天晾晒至干"为原则。如遇阴雨天应及时烘干,初烘时,一般温度不宜过高,应控制在 30～35℃之间,烘 2 小时后,温度可升至 40℃左右,5～10 小时后,把温度升至 55℃左右,使花迅速干燥。烘干时不能用手翻动,否则花易变黑;花未干时不能停烘,否则将发热变质。

①密银花。密银花花蕾呈棒状,上粗下细,略弯曲;表面呈绿色或白色,花冠质厚、稍硬,握之有顶手感;气清香,味甘、微苦。密银花成品以无开放花朵者为佳。

②东银花。东银花花蕾呈棒状,肥壮,上粗下细,略弯曲;表面有黄色、白色、青色;气清香,味甘、微苦。东银花成品以开放花朵不超

过5%者为佳。

四、番红花

1. 概述

番红花为鸢尾科植物番红花的干燥柱头。番红花味甘、微苦,性凉,归心、肝经,具有调经活血、祛瘀止痛、培元健身等功效,主治妇女经闭、产后瘀血腹痛等症,此外,番红花还是治疗肝病的良药。番红花又称"藏红花"、"西红花",在河南、北京、上海、浙江、江苏等地都有引种栽培。

2. 形态特征

番红花为多年生草本植物,具有球状的地下鳞茎。叶片9~15枚,无叶柄,叶自鳞茎生出。叶片呈窄长线形,长15~20厘米,宽2~3厘米,叶缘反卷,具细毛。花顶生,直径2.5~3厘米;花被片6枚,倒卵圆形,淡紫色;花筒长4~6厘米,细管状;雄蕊3枚,花药明显;雌蕊3枚,心皮合生;子房下位;花柱细长,黄色,伸出花筒外部。蒴果呈长形,具三钝棱,长约3厘米,直径约1.5厘米。种子多数,呈圆球形,种皮为革质。花期为11月份上旬至中旬。

番红花的药用部分为完整的柱头,呈线形,其先端较宽大,向下渐细呈尾状,先端边缘具不整齐的齿,下端为残留的黄色花枝。柱头长约2.5厘米,直径约1.5毫米;紫红色或暗红棕色,微有光泽;体轻,质松软,干燥后质脆易断。将柱头投入水中则膨胀,并逐渐扩散,水被染成黄色。柱头呈喇叭状,有短缝,在短时间内用针拨之不破碎。番红花气味特殊,微有刺激性,味微苦。药用番红花以身长、色紫红、滋润而有光泽、黄色花柱少、味辛凉者为佳。

3. 生长习性

番红花喜温和凉爽的气候,耐半阴,喜光,忌酷热,耐寒,生长适温为 15~19℃,一般冬季不低于-10℃即可安全越冬。番红花忌雨涝积水,喜排水畅通、疏松肥沃、腐殖质丰富、pH 为 5.5~6.5 的沙质壤土。夏季番红花进入休眠阶段,适当遮阴能延长番红花的生长时间,有利于球茎增重。若入秋后种植,则深秋开花,花期为 10~11 月份,第二年 4~5 月份地上部分枯萎,整个生育期约为 210 天。番红花一般用球茎繁殖,我国多采用室内采花、大田繁殖球茎的方式。

4. 栽培技术

(1)选地整地 番红花属于浅根系植物。大田种植番红花宜选择光照充足、疏松肥沃的地块,冬季温暖、夏季凉爽、阳光足、稍带坡、排水好、腐殖质丰富的壤土地块最为适宜。忌连作,前茬以豆类、玉米、水稻等为佳,也可在果园内间作。北方冬季气温低,不要追肥,施足基肥即可。结合翻耕每亩施 1.5 千克左右的五氯硝基苯消毒,再施腐熟圈肥约 5000 千克、过磷酸钙约 50 千克、氮肥约 30 千克、腐熟饼肥约 200 千克作基肥。将土地整平、耙细,可按南北向挖沟建畦,畦宽约 1.3 米,高约 30 厘米,畦面做成龟背形,畦间距为 30~40 厘米。在北方,做低畦可以起到防寒保温的作用。

(2)繁殖方法 番红花的繁殖方法常见的有球茎繁殖和播种繁殖 2 种,以球茎繁殖为主。番红花的成熟球茎有多个主芽和侧芽,开花后从叶丛基部膨大形成新球茎。每年 8~9 月份将新球茎挖出栽种,当年可开花。种子繁殖需栽培 3~4 年才能开花。

①球茎繁殖。5 月份中旬,在番红花地上部分尚未完全回苗的时候,挖取球茎,按大小分级,放在通风干燥处储存。一般于 9 月份中上旬栽种。

栽前使用苯来特稀释液浸泡球茎,同时用安百亩处理土壤,杀灭土壤中的线虫,防止病虫害蔓延。早下种时,球茎先发根后发芽,早出苗,这有利于植株生长发育;迟下种时,球茎则先发芽后发根,迟出苗,幼苗生长较差。球茎的大小、重量与开花有密切关系。重量在8克以下的球茎一般不开花,开花朵数随球茎重量的增加而增多。叶丛数、叶片数及叶片大小和球茎大小也存在一定关系。因此,番红花的球茎须经挑选,分级种植。一般分25克以上、16~25克、8~18克及8克以下四级种植,方便栽培管理。

栽种前使用5%石灰水浸种茎约20分钟,可防治顶芽腐烂;用25%多菌灵500倍液与三氯杀螨醇或40%乐果3000倍液混合浸种,约20分钟后立即下种,可防治腐烂病及罗宾根螨。种前剔除球茎上的侧芽,16克以下的种茎留1个顶芽,16~25克的种茎留2个顶芽,25克以上的种茎留3个顶芽,做平畦栽植。番红花的产量与种植密度、深度有一定关系。若种植过浅,则新球茎数量多,个体小,能开花的球茎少;若种植过深,则新球茎个体大,但开花的球茎数量也会减少。因此,番红花的种植密度与深度要根据球茎大小而定,分开种植。8克以下的球茎以行距9~12厘米、株距3厘米左右、深3~4.5厘米为宜;8~25克的球茎以行距12厘米左右、株距6~9厘米、深6厘米左右为宜;25克以上的球茎以行距12~15厘米、株距9~12厘米、深6厘米左右为宜。种植时按上述深度开沟下种,按以上密度将球茎放入,主芽向上,轻压入土,覆土并整平。

②播种繁殖。我国栽培的番红花不易结籽,必须通过人工授粉才能得到种子。待种子成熟后,采收后即播种于露地苗床或盆内。种子播种密度不能过大,以稀疏些为好,因为植株需长球,一般2年内不能起挖,从播种到植株开花往往需要3~4年的时间。

(3)田间管理 番红花在种植后20~30天开始出苗,出苗前可灌水1次,出苗后3~4天即开花,花期较短。北方地区11月份中下旬须搭设防寒防风的设施。入冬前灌1次冻水。冬季在畦面上均匀撒施农家肥4000千克左右,既能增加土壤肥力,又能保暖防冻。2月份中旬返青后,每公顷施饼肥 1500 千克左右。3 月份番红花进入生长旺盛阶段,每 10 天喷 1 次 0.2% 磷酸二氢钾,连续喷 2~3 次。在 1 月份气温最低时,可在畦面上加一层覆盖物;2 月份下旬,除去覆盖物。3~4 月份为番红花生长最旺盛的时期,此时应经常除草、松土,防止土壤板结和杂草丛生,以利于球茎膨大。4 月份中旬再灌水 1 次,5 月份采挖球茎。

番红花生长过程中会出现增生的侧芽,侧芽会分散主球茎的养分积累,需要除去。出苗后,用小刀插入土中,轻轻地连叶剔除小芽,保留 1~3 丛较大叶丛。除芽可增加子球茎中大球茎数,提高番红花的产量,若侧芽太多,则形成的球茎长势弱,影响开花。

气候干旱时要适时浇水,入冬前要灌水防冻。3~4 月份正是球茎膨大时期,时值春季,易多雨,要及时排除田间的积水,防止球茎腐烂、叶片发黄、植株早枯。

(4)病虫害防治

①腐败病。腐败病为细菌病,植株出苗后即可发生,在 2~3 月份危害严重。植株近叶鞘基部首先被害,病叶呈红褐色,抽出的叶端或整叶发黄;地下球茎的染病区变成褐色,须根由白色变为淡褐色或紫黑色,最后断裂脱落;肉质的储藏根被害后,呈暗褐色或褐色,出现污白色浆状物并腐烂,地下球茎腐烂死亡。

防治方法:下种前用 5% 石灰水浸种约 20 分钟,再用清水冲洗后下种;发现病株及时拔除,并在病穴撒石灰粉消毒;实行轮作;苗期用 50% 叶枯净 1000 倍液或 75% 百菌清 500 倍液喷洒,每隔 7 天喷 1 次,连续喷 2~3 次。

②腐烂病。腐烂病的病原菌有拟枝孢镰刀菌、半裸镰刀菌和茄病镰刀菌。番红花被害后叶片发黄,球茎发黑腐烂,留下空壳。此病在黏重土壤、排水不良的地块和地下害虫严重的情况下较容易发生。

防治方法:下种前每公顷施石灰粉 1500 千克左右或五氯硝基苯 22.5 千克左右,浅翻 1 次;加强对地下害虫的防治,可用 90% 晶体敌百虫1000倍液浇灌植株根部；在植株生长期用50%退菌特1500倍液或50%托布津1000倍液浇灌植株根部。

③轻花叶病毒病。其病原为鸢尾轻花叶病毒。病株表现为叶片卷曲，出现淡黄色褪绿条纹花叶和杂斑，植株畸形，生长不良，侧芽增多，提早倒苗等。

防治方法：挑选无病球茎种植；用7.5%鱼藤精600倍液或40%乐果乳油1000倍液防治蚜虫，减少传播病毒的机会。

④罗宾根螨。虫体主要为害球茎。

防治方法：用三氯杀螨醇或40%乐果3000倍液浸种，浸种后播种。

5. 采收与产地加工

(1) 球茎的收获与储藏 于栽培后第二年5月份中上旬植株完全枯萎后，选晴天采挖球茎。从畦的一边逐行向上翻起，挖起球茎，去掉泥土，置于阴凉处，1周左右再分档储藏。剔除有病虫害、伤痕和机械损伤的球茎，按大、中、小分别储藏。储藏的方法有沙藏和挂藏。

①沙藏。选择室内干燥、阴凉的地方，铺一层厚约3厘米的半干燥细沙，沙上摆上一层6～9厘米厚的球茎，再铺一层细沙，如此铺多层球茎和细沙。堆成的高度以50厘米左右为宜，宽度以70～100厘米为宜，长度不定，最后覆盖约6厘米厚的细沙。注意防鼠害。

②挂藏。将球茎装在带有小孔的竹筐或编织袋内，挂于阴凉通风处。在实际生产中发现，将球茎在21～30℃下储藏1～4个月，对花芽的分化、花器官的形成和开花期都有显著影响，并可使花柱产量明显增加。

(2) 花的收获与加工 10月份至11月份中旬为番红花开花较为集中的一段时间。由于番红花花期短，所以须于开花当天及时采收，一般于中午或下午采收。采收时将整朵花连同管状的花冠筒一起带

第四章 花、果实、种子类中草药

回室内,留待加工。轻轻地剥开花瓣,用两手各拿 3 枚花瓣往下剥开,把花瓣基部管状花冠筒剥开,取出柱头及花柱黄色部分,薄薄地摊于白纸上晒干或置于 35~45℃烘箱内烘 3~5 小时。晒干或烘干后储藏在清洁干燥的容器内,避光保存。番红花的折干率约为 6∶1。一般每公顷产干花 12~15 千克,可收 15000~19500 千克球茎。

五、辛 夷

1.概述

辛夷是木兰科植物望春花、玉兰或武当玉兰的干燥花蕾。望春花主产于河南南召、嵩县、卢氏和湖北南漳、宜昌、巴东、鹤峰,此外,陕西、甘肃等地也有产;玉兰主产于安徽安庆、桐城、怀宁,称"安春花",此外,浙江淳安、江西也有产;武当玉兰主产于四川北川、江油和陕西安康等地。辛夷味辛,性温,归肺、胃经,能散风寒、通鼻窍,主治风寒头痛、鼻塞等症。

2.形态特征

辛夷的植株为落叶灌木或乔木,株高可达 15 米,全株均有辛香气味。干皮灰白。小枝紫褐色,具纵阔椭圆形皮孔,浅白棕色。顶生冬芽呈卵形,较大,长 1~1.5 厘米,被淡灰绿色绢毛。叶互生,具短柄,柄长 2 厘米左右,无毛或有时稍具短毛;叶片呈椭圆形或倒卵状椭圆形,长 10~16 厘米,宽 5~8.5 厘米,先端渐尖,基部圆形或圆楔形,全缘,两面光滑无毛,主脉凸出。花先于叶开放,单花生于枝顶;花萼 3 枚,通常早脱;花冠 6 枚,外紫内白,呈倒卵形,长 8 厘米左右;雄蕊多数,呈螺旋状排列;花药呈线形,花丝短;心皮多数分离,亦呈螺旋状排列。聚合蓇葖果通常弯曲,成熟时露出红色的种子。花期为 2~3 月份,果期为 6~7 月份。

辛夷主要来源于以下 3 种木兰科植物的花蕾。

望春花:顶芽呈卵形,密被淡黄色长柔毛。叶为长圆状披针形或卵状披针形;托叶痕长为叶柄的1/5~1/3。花大型,先叶开放,芳香;花被片9枚,外轮3枚,皆长条形,内两轮近匙形,白色,外面基部带紫红色;雄蕊多数,花丝外面紫色,内面白色。聚合果呈圆柱形,密被小瘤点。花期为3月份,果期为9月份。望春花多生于海拔400~2400米的山坡林中。

玉兰:叶呈倒卵形或宽倒卵形,叶柄及叶下面被白色柔毛,托叶痕长为叶柄的1/2。花被片9枚,白色,有时外面基部红色,呈倒卵状长圆形。花期为2~3月份,果期为8~9月份。玉兰多生于海拔1200米以下的常绿阔叶树和落叶阔叶树混交林中,庭园栽培较普遍。

武当玉兰:叶呈倒卵形,叶面沿脉疏生平伏柔毛,托叶痕细小。花被片12~14枚,外面玫瑰色,内面较淡,有深紫色纵纹,呈倒卵状匙形或宽匙形。武当玉兰多生于海拔1300~2000米的常绿阔叶树和落叶阔叶树混交林中。

3. 生长习性

辛夷的植株喜温暖湿润气候,耐寒,耐旱,忌积水。幼苗忌强光和干旱。野生者多生于海拔200米以上的平原、丘陵和山谷,有较强的抗逆性,在酸性或微酸性土壤中生长良好。种子有休眠特性,低温沙藏4个月可打破休眠,经低温处理的种子发芽率达80%以上。每年秋季落叶,第二年春季先开花后长叶。实生苗8~10年产蕾,嫁接苗2~3年产蕾。

4. 栽培技术

(1) **选地整地** 根据辛夷的生长习性,育苗地宜选择阳光较弱、温暖湿润的环境,土壤以疏松肥沃、排水良好、微酸性的沙壤土为好。翻耕约30厘米,施足腐熟堆肥,整平、耙细,做成宽1.5米左右的畦。

第四章 花、果实、种子类中草药

栽植地宜选择阳光充足的山地阳坡,或在房前屋后零星栽培,最好大面积成片栽培,以便于管理。栽前将土地深耕、细耙,施足底肥,做好排水沟,以利于排灌。

(2) 繁殖方法 辛夷植株的繁殖方法有嫁接繁殖、扦插繁殖和种子繁殖3种。

①嫁接繁殖。嫁接繁殖可采用芽接或枝接(切接、劈接)。由于辛夷砧木髓心大,所以芽接比枝接成活率高。芽接时间宜选在初春幼芽萌发前和秋季新梢成熟后。砧木以二年生或三年生、茎粗1～1.5厘米的木兰实生苗为优,接穗应选一年生粗壮枝条上的饱满芽体,取接穗中上部向阳的饱满芽,剪除叶柄,用湿毛巾保湿。削芽片时,将接穗倒拿,用左手拇指和中指捏稳,削成短削面和长削面。长削面要选在接穗平直的一面,操作时将作长削面的一面紧贴在食指尖上,削面呈45°斜面,再把接穗翻转,然后在芽上0.3～0.4厘米处平削一刀,露出形成层,一直削至短削面削口处,最后在芽上0.2厘米处斜削一刀,使芽片和接穗分离。

②扦插繁殖。扦插繁殖的时间选在5月份上旬至6月中旬,选择幼龄树的当年生健壮枝条,长10～12厘米,留叶2片,下端切口留芽带踵,在0.1‰吲哚丁酸溶液中快速蘸一下,随即扦插。苗床用干净湿沙做成,插条按平均行株距15厘米×4厘米插入苗床,使插条的叶片倒向一边,勿重叠或贴地。插后浇透水,用塑料薄膜覆盖苗床,塑料薄膜上再盖草帘遮阴。插条成活后,注意除草、追肥。培育1年即可定植。定植时间一般选在秋季落叶时和早春萌芽前进行。定植后至成林前,每年在夏、秋两季各中耕除草1次,并用杂草覆盖根际。定植时应施基肥,在冬季适量施堆肥,或在春季施人畜粪水,促进苗木迅速成林。始花后,每年应在冬季增施过磷酸钙,促使蕾壮花多。为了控制树形,矮化树干,待主干长至1米左右时须打顶芽,促使其分枝。在植株基部选留3个主枝,向四方发展,各级侧生的短、中枝条一般不剪,常保留20～25厘米长。每年修剪的原则为:以轻剪长

枝为主，重剪为辅，以截枝为主，疏枝为辅，在8月份中旬还要注意摘心，促进来年多生花枝。

③种子繁殖。选择健壮植株的种子作母种，于9月份中上旬将采收的成熟种子与粗沙混拌，反复搓揉，直至脱去红色油脂层。再将种子用清水漂洗晾干，拌细湿沙低温处理，一般选背风向阳处挖地，拌2～3倍种子量的细沙，覆草保湿。在此期间要注意保持土壤湿润，待种子露白，及时播入育苗床，可按行距30厘米左右开沟，沟深以3厘米左右为宜，播后覆少许土，保持土壤湿润。1个月左右种子即可出苗，沙藏期注意防积水与霉变。幼苗生长2年左右，高80～100厘米时即可移栽，苗木随起随栽。

(3)田间管理

①中耕除草。幼苗移栽后，每年应于夏、冬两季中耕除草，并于植株基部培土，除去基部萌蘖苗。

②施肥。辛夷喜肥耐肥，施肥时间选在2月份中旬，一般每亩施入约2000千克农家肥与约100千克过磷酸钙堆沤的复合肥，在株旁开穴施下。夏季摘心时、入冬前也应适量施些农家肥。

③整形修剪。辛夷幼树生长旺盛，必须及时修剪，否则树冠内部通风透光不良，容易造成郁闭，影响花芽形成。定植苗高1～1.5米时打顶，主干基部保留3～5个主枝，避免枝干重叠，以充分利用阳光；基部主枝宜与主干保持20厘米的距离，方便矮化树冠，有利于采摘花蕾。主枝保留顶部枝梢，侧枝保留25厘米左右，保留中短花枝，打去长势旺的长枝，树冠整成伞状，使其内部通风透光。为使第二年多产新果枝，宜于8月份中旬摘心。

(4)病虫害防治

①立枯病。每年4～6月份多雨时期易发生立枯病，侵害幼苗，导致幼苗基部腐烂。

防治方法：整平苗床，有利于排水；进行土壤消毒处理，每亩可用15～20千克硫酸亚铁，磨细过筛，均匀撒于畦面；拔除病株并烧毁。

②虫害。苗期有蝼蛄、地老虎等害虫为害嫩茎;生长期主要有刺蛾、蓑蛾等为害植株。

防治方法:可用2.5%敌百虫粉拌毒饵诱杀害虫。

5.采收与产地加工

花蕾采收的最佳时间为当年12月底至第二年1月初,或第二年春季开花前。采收尚未开放的花蕾,连梗采下(梗长不得超过1厘米),除去杂质,摊晒至半干时,收回室内堆放1~2天,使其"发汗",然后摊晒,如此反复,直至花蕾全干,即成商品。如遇阴雨天,可用烘房低温烘烤花蕾。

辛夷成品以身干、花蕾完整、肉瓣紧密、香气浓郁者为佳。

六、玫瑰花

1.概述

玫瑰花为蔷薇科植物玫瑰的干燥花蕾。玫瑰花味甘、微苦,性温,归肝、脾经,能行气解郁、和血止痛,主治肝胃气痛、食少呕恶、月经不调、跌扑伤痛等症。玫瑰花原产于辽宁、山东等地,现在全国各地均有栽培。浙江长兴、湖州,江苏无锡、江阴、苏州,山东平阴,北京涧沟妙峰山及河南周口市商水县等地为药用玫瑰花的主产区,此外,广东、云南等地的玫瑰栽培也较多。

2.形态特征

玫瑰为直立灌木,高可达2米。茎粗壮,丛生。小枝密被刺毛,有直立或弯曲、淡黄色的皮刺。奇数羽状复叶互生,小叶5~9枚,小叶片呈椭圆形或椭圆状倒卵形,长1.5~4.5厘米,宽1~2.5厘米,先端急尖或圆钝,基部圆形或宽楔形,边缘有尖锐锯齿,上面深绿色,无毛,叶脉下陷,网脉明显;托叶贴生于叶柄,离生部分呈卵形,边缘有带腺锯齿,下面被绒毛。花单生于叶腋,或数朵簇生;苞片呈卵形,边缘有腺毛,外被绒毛;花梗长5～22.5毫米,密被绒毛和腺毛;花芳香,直径为4～5.5厘米;萼片呈卵状披针形,先端尾状渐尖,常有羽状裂片而扩展成叶状,上面有稀疏柔毛,下面密被柔毛和腺毛;花瓣呈倒卵形,重瓣至半重瓣,紫红色至白色;花柱离生,被毛。果实为橙红色,呈微扁球形。花期为5～6月份,果期为8～9月份。

3. 生长习性

玫瑰是温带树种,耐寒、耐旱,喜排水良好、疏松肥沃的壤土或轻壤土。在黏土中生长不良,开花不佳,在微碱性土地上能生长,在富含腐殖质、排水良好的中性或微酸性轻壤土上生长和开花最好。玫瑰最喜光,宜栽植在通风良好、离墙壁较远的地方。在庇荫处生长不良,开花稀少。玫瑰不耐积水,受涝后则下部叶片易发黄、脱落。植株萌蘖性强,生长迅速。

4. 栽培技术

(1)选地整地　平整土地,选择土层深厚、结构疏松、排水良好的地块建立玫瑰园,按株距50厘米左右、行距150～200厘米、深50厘米左右挖坑。每坑施10千克左右农家肥或生物有机肥。

可选择向阳、肥沃疏松、排水良好的壤土或沙壤土地块为园地。耕前每亩施入堆肥2500～3000千克,深翻20～25厘米,将土地耙细、整平,做成宽1.5米左右、高15厘米左右的高畦,两边挖30厘米左右的排水沟。

(2)繁殖方法　玫瑰以分株繁殖为主,亦可采用压条繁殖和扦插繁殖。

①分株繁殖。于分株前一年,在母株根际附近施足肥料并浇水,同时保持土壤疏松湿润,促进来年栽培的玫瑰根部大量萌蘖。因为玫瑰分蘖能力很强,每次抽生新枝后,母枝易枯萎,所以必须将根际

第四章 花、果实、种子类中草药

附近的嫩枝及时移植到别处去,以保持母枝旺盛生长。因此,每年11~12月份植株落叶后,或第二年2月份新芽刚萌动时,可从大花株中挖取母株旁生长健壮的新株,每丛须具茎干2~3枚,带根分栽,栽后自土面以上20~25厘米处截干,培育2~3年即可成丛开花。

②压条繁殖。每年6~8月份梅雨季节,挑选当年生的健壮枝条,使之弯曲入土,将入土部分进行划刻,造成愈伤组织。然后用土块嵌入伤口,随即埋入土中,用竹杈或树枝固定,让枝梢露出地面,保持土壤湿润。2~3个月后枝条即可生根,第二年春天切下新株,与母株分离,另行栽植。

③扦插繁殖。在早春萌芽前,选取生长健壮、无病虫害的一年生枝条,剪成20厘米左右长的插穗,斜插于消毒后的河沙制成的插床中,插入的深度为12~14厘米,压实后浇水,保持适宜的温度。30天左右插穗就能生根,待其发芽后移栽。沙床扦插时愈合生根较容易,但需在温室内向阳处或在田间搭拱形塑料棚扦插,管理工作要求细致。嫩枝扦插一般在梅雨季节进行,取半成熟枝条,切取中下部长约20厘米的枝条作插穗,枝条上须带2~3个节和芽,将枝条斜插于土中,压实后浇水,待其生根发芽后移栽。用老枝扦插时,多在9~11月份玫瑰的生长季节进行。

(3)田间管理

①除草。玫瑰园田间管理的主要工作是松土和除草。这些工作应经常进行,保持园内无杂草。

②追肥。玫瑰极喜肥。每年春季芽刚萌动时,应施用稀薄人畜粪水,浇灌于根际周围。秋季落叶后,在植株周围,再开环状沟施肥,每株施入堆肥或厩肥约25千克、过磷酸钙约2千克。这样既可增加土壤肥力,又可防寒。

③修剪。12月份中旬,剪除交叉枝、枯枝、老枝和病虫害枝。另外,在第一批玫瑰花开后,要在花枝基部以上10~20厘米处或枝条充实处,选留一健壮腋芽,然后剪断。这样可以增强树势,促进多发

新枝,使第二年花蕾增多。

(4)病虫害防治

①白粉病。白粉病多发于夏季高温高湿时。病菌侵染叶、茎、花柄后,早期症状为幼叶扭曲,色浅灰,叶面长出一层白色粉末状物,为分生孢子。严重时花少,甚至不开花,叶片枯萎而死。

防治方法:喷洒波美0.3～0.5度石硫合剂或50%托布津可湿性粉剂1000倍液;适量施用氮肥;新叶抽出后,喷以1:1:100波尔多液,每周喷1次,连续喷2～3次。早秋亦须喷数次。

②蔷薇白轮蚧。在7～8月份上旬,蔷薇白轮蚧若虫爬到叶面主脉上或主脉两侧、嫩梢、叶柄基部,固定下来并为害植株。

防治方法:在若虫孵化期喷施25%亚胺硫磷乳剂800～1000倍液或40%乐果乳油1500倍液;保护和利用蔷薇白轮蚧的天敌进行生物防治,蔷薇白轮蚧的天敌主要有红点唇瓢虫和灰唇瓢虫;在12月份落叶后至2月初萌动前喷洒波美3～5度石硫合剂。

③蚜虫、红蜘蛛亦是玫瑰栽培过程中的常见害虫,可按常规方法进行防治。

5.采收与产地加工

药用玫瑰花一般分三期采收,有头水花、二水花、三水花之分。其中头水花肉厚、香味浓、含油分高,质量最佳。

采收标准是花蕾已充分膨大但未开放。采收时间大约在4月份下旬至5月份下旬,即盛花期前。采收后将玫瑰花置于阴凉通风干燥处晾干,或放在竹帘上用微火烘干,不宜暴晒。

采下的鲜花需采用文火烘干。具体操作方法如下:先晾去水分,依次排于有铁丝网底的木框烘干筛内。花瓣统一向下或向上,按顺序更换文火烘烤。当花托掐碎后呈丝状时,表示花已干透。一般4千克头水花可烘出1千克干花,其他为4.5～5千克鲜花烘出1千克干花。干花分级时,以身干、色红、鲜艳美丽、朵头均匀、含苞未放、香味浓郁、无霉变、无散瓣、无碎瓣者为佳;花朵已开放、经过日光暴晒、散瓣、碎瓣者一般质量较差。已干燥的花,一般先分装在纸袋里,再储藏在有石灰的缸里,加盖密封保存。

用玫瑰花提取芳香油或做食品、酿酒、熏茶用时,应在花朵初开放、刚露出花心时采摘,并按不同用途,分别进行加工。食用花的加工方法:将花瓣剥下,除去花托及花心。约100千克花瓣加5.7千克盐、3.5千克明矾粉、30千克梅卤,进行均匀揉搓,并不断翻动、压榨去汁,使重量保持在100千克左右,再加食糖约100千克,充分拌和均匀后装坛备用。配方中加食盐是为了防腐;明矾能使花瓣硬而不黏,增添外观美感;使用梅卤是为了保持花瓣的鲜艳,不致褪色;加糖是为了将玫瑰花加工成黏稠的、略带浅棕色的红色玫瑰花泥。花泥具有浓郁扑鼻的玫瑰油香气,食之香甜,略带酸咸味。

七、月季花

1. 概述

月季花为蔷薇科植物月季的干燥花蕾。月季花味甘,性温,归肝经,可活血调经,主治月经不调、痛经闭经等症。月季花在全国各地都有栽培,主产于江苏苏州、南京、无锡等地,湖北襄阳,山东长清、历城、菏泽,河北沧州、保定,天津,北京丰台等地也有栽培。全国以江苏的月季花产量最大,质量最好。

2. 形态特征

月季为落叶或常绿灌木,植株多为直立、蔓状或攀缘状。茎有刺或稀疏有刺,小枝绿色,奇数羽状复叶互生,小叶一般3~5片,宽卵形或卵状长圆形,长2.5~6厘米,先端渐尖,具尖齿,叶缘有锯齿,两面无毛,光滑;托叶与叶柄合生,全缘或具腺齿,顶端分离为耳状。单花生于枝顶,花朵常聚簇,花色众多,色泽各异,直径4~5厘米,多为重瓣;萼片尾状长尖,边缘有羽状裂片;花柱分离,伸出萼筒口外,与雄蕊等长;每个子房内有1个胚珠。花有香气,春季开花最多。肉质蔷薇果,成熟后呈红黄色,顶部开裂,果实为瘦果,栗褐色。北方花期为4~10月份,南方花期为3~11月份。

3. 生长习性

月季的适应能力强,耐寒、耐旱,对土壤条件要求不严格,但以富含有机质、排水良好的微酸性沙壤土栽培较好。月季耐肥力强,需经常补充肥料才能不断开花。月季喜光,需充足日照,但过多的直射强光会影响花蕾发育,容易使花瓣焦枯。月季喜温暖,适宜的开花温度为22~25℃。夏季高温不利于开花,需适当遮阴,如夏季高温持续30℃以上时,多数品种开花减少,花的品质降低,月季进入半休眠状态。冬季气温低于5℃时,月季也会进入休眠状态。普通月季品种可耐-15℃低温。适宜的相对空气湿度为75%~80%。月季有连续开花的特性。栽培地空气须畅通,若通气不良植株易发生白粉病,空气中的有害气体如二氧化硫、氯化物、氟化物等均对月季花有毒害。

4. 栽培技术

(1)选地整地 育苗地宜选择疏松肥沃的沙质土和有水源的地方,地势宜选高燥平地。田地深翻后,施土杂肥或火土灰约2500千克/亩作基肥。将土地整平、耙细,做宽1.3米左右的高畦,畦长一般以5~8米为好,也可随苗地条件而定,开40厘米左右深的畦沟,四周做好排水沟。冬季宜深翻地,使其风化熟化。栽种前施足基肥。

(2)繁殖方法 月季可采用扦插繁殖、嫁接繁殖、分株繁殖、压条繁殖等繁殖方法,实际生产中以扦插繁殖和嫁接繁殖应用最多。

①扦插繁殖。扦插温床的准备工作:在温床里装入酿热物,如人畜粪或树叶,浇水后压实。从月季的母株上剪下落花后的半木质化枝条,长度约为10厘米,一般枝条须带3个芽,将插条下部的叶片全

第四章 花、果实、种子类中草药

部剪掉,留顶端2片叶子进行光合作用,叶片不能留的太多,过多会消耗茎内的养分和水分。将插条的基部剪成马耳形,置于清水盆里,要及时扦插。月季生根的适宜温度为20～25℃,一般8℃以上才能开始生根。冬季地温低于8℃时,插条难以生根。当春季气温回升后,需保持床面和床体的水分,否则温床缺水会导致插条枯萎。检查方法是用手插入土壤8～10厘米深处,取出少许土壤,若手捏成团则说明苗床内土壤的水分较为合适,捏不成团则说明土壤缺水。

扦插时可先用木棒在温床上扎孔,再把插条扦插在孔里,用手按实,扦插的深度为插条长度的1/3,间距以叶片不搭在一起为宜。插完后要及时用细喷壶浇水,然后用塑料薄膜盖好,遮阴1周,每天对叶片喷水1～2次,1个月左右幼苗可生根移植。在移植时要做到根沾泥浆,边挖边栽,在泥浆中掺入1%～2%硫酸铜溶液,可防止幼苗烂根,又可促进其成活和生长。上盆前把花盆排水口垫上碎瓦片,加入混合土,然后将幼苗带土栽入盆中,分层加土压实。栽后浇透水1次,在荫棚下放置7～10天后,再移到通风向阳处。上盆后每天浇透水1次。

②嫁接繁殖。嫁接繁殖是繁殖月季的主要方法。月季嫁接时,砧木的选择非常重要。月季的插条来源充足,容易生根,能适应当地的气候条件,与接穗有很好的亲和力,目前国内常用的砧木为蔷薇。在春季叶芽萌动以前的休眠期嫁接常采用枝接,生长期嫁接常采用芽接。

参照目前实际生产中月季嫁接的主流方法,可将月季嫁接分为带木质嵌芽接、"T"字形芽接和大开门芽接等。

• 带木质嵌芽接:在砧木距地面4～6厘米的向阳处,用薄刃刀片按30°～40°斜角切下长1～2厘米的盾形切口。然后用同法,在同样大小的穗条上选取充实饱满的接芽,将其嵌入已切好的砧木切口上,将砧木和穗条用弹性及宽度适中的白色塑料带自下而上环环压边绑缚牢固,松紧要适度;将接芽嵌入切口时,形成层要尽量最大面积地对准,做到不露砧木木质部。该方法操作简单、成活率高,但要求必须掌握砧穗一次性吻合的技术。

• "T"字形芽接:在砧木距地面3厘米左右、光滑无分枝的向阳处,先横割一刀,再直割一刀,成"T"字形切口,切口长2厘米左右,深达木质部,然后将皮层轻轻撬开。接穗应选取芽饱满的较长的开花枝,剪去其顶梢和基部,留取中段,剪掉枝条上的叶子和刺,保留叶柄。从芽的下部向上削3~4厘米,芽削下后将木质部剔掉。左手捏住芽的叶柄,慢慢插入砧木的"T"字形皮层内,芽要插在皮层中间,插得服帖。用0.5厘米宽的塑料带将砧木和穗条扎缚好,留出叶柄和芽。芽接完成后,将花盆搬到阴凉处或用报纸将芽遮盖起来,避免强光直射,3天内不要淋雨。1个星期后检查,若芽呈绿色,叶柄发黄且一触即脱,说明嫁接苗已成活;如叶柄枯干,芽呈黑色,说明嫁接苗已死亡。嫁接苗成活后可晒太阳,砧芽要不断剥除。砧木上的老叶子仍需保留,可为月季幼芽提供养料。待新芽长到15~20厘米时,要立支柱,以防止幼苗被风吹断,砧木可适当修短。待新芽全部木质化、第二次发新芽时,可将砧木全部剪掉,并解除塑料带的束缚。

• 大开门芽接:大开门芽接法对技术要求较高,砧穗切口暴露时间不能过长。在砧木距地面4~6厘米、光滑无分枝的向阳处,用短刃竖刀横向切一刀,深度以能够达到木质部即可,然后对准横切口的一端向下纵切1.5~2厘米,再于横切口的另一端依照原样再切一刀。两刀深度相同,均是达到木质部即止,然后再于横切口下方约0.5厘米处横切一刀,并用刀将切断的一小块方形皮层剔除,露出木质部。将穗条去叶片留叶柄,选择充实饱满的接芽,用刀在其接芽上方约0.3厘米处横切一刀,然后对准横切口的一端向下纵切1.5~2厘米,再于横切口的另一端依照原样纵切一刀,对准两纵切口后横切一刀,形成一块带有接芽的长方形芽片,四刀深度均达到木质部。用刀或用手掀开砧木皮层,将接芽迅速植入并作微调。将砧穗两个横切口对齐,用塑料带绑缚,松紧适度。采用该方法嫁接时,砧穗形成层接触面积大,养分供应迅速,可大大提高月季嫁接的成活率及成活质量。

(3)田间管理

①多施肥。月季开花次数多,需要供给充足的养分,才能保证旺盛的生长。夏季的月季生长迅速,养分消耗量很大,花期应每隔10天左右追施一次薄肥,使植株花繁叶茂,打破月季夏季休眠状态。

②多喷水。月季在气温33℃以上时即处于半休眠状态,平均气温为20~25℃时最有利于月季的生长。因此,夏季除适当遮阴外,还应多喷水,最好在上午和下午各喷一次水,湿润环境能促进花、叶生长。浇水宜用晒过的水,如用过冷的水,会刺激根系,影响植株的正常发育。

③疏枝修剪。月季开花后应将花下第三片复叶以下的部分剪掉,以促发壮实新枝,及早现蕾开花。弱短枝先剪、长剪,健壮枝后剪、短剪,以促弱抑强,使月季开花整齐。长枝条修剪长度不宜超过全长的1/2,以免腋芽萌发迟缓。

④松土除草。清除田间杂草的同时给植株根部松土,能增强土壤的通气性能,促进植株根系的正常生长。

(4)病虫害防治

①黑斑病。黑斑病主要侵害叶片、叶柄和嫩梢。叶片初发病时,正面出现紫褐色至褐色小点,小点扩大后多为圆形或不定形的黑褐色病斑。

防治方法:可喷施多菌灵、甲基托布津等药物杀菌。

②白粉病。白粉病主要侵害嫩叶。受害叶片两面出现白色粉状物,早期病状不明显,白粉层出现3~5天后,叶片呈水渍状,逐渐失绿变黄,植株严重受害时叶片全部脱落。

防治方法:在植株发病期可喷施多菌灵、三唑酮杀菌,但以国光英纳杀菌效果最佳。

③叶枯病。叶枯病病菌多数从叶尖或叶缘侵入。受害处初为黄

色小点,以后迅速向内扩展为不规则形大斑,植株严重受害时全叶有2/3处枯萎,病变叶片褪绿黄化,变成褐色,干枯脱落。

防治方法:除加强肥水管理外,冬天应剪掉病枝病叶,清除地下落叶,减少侵染源。植株发病时应采取综合防治措施,喷洒多菌灵、甲基托布津等杀菌药剂。

④刺蛾。刺蛾主要有黄刺蛾、褐边绿刺蛾、丽褐刺蛾、桑褐刺蛾、扁刺蛾等,以幼虫于高温季节大量啃食叶片产生危害。

防治方法:一旦发现刺蛾,应立即用90%晶体敌百虫800倍液喷杀,或用2.5%杀灭菊酯乳油1500倍液喷杀。

⑤蚧壳虫。蚧壳虫主要有白轮蚧、日本龟蜡蚧、红蜡蚧、褐软蜡蚧、吹绵蚧、糠片盾蚧、蛇眼蚧等。蚧壳虫喜刺吸月季嫩茎、幼叶的汁液,导致植株生长不良。诱发虫害的原因是种植环境高温高湿、通风不良、光线欠佳。

防治方法:在若虫孵化盛期,使用25%扑虱灵可湿性粉剂2000倍液喷杀害虫。

⑥蚜虫。蚜虫主要有月季管蚜、桃蚜等,它们刺吸植株幼嫩器官的汁液,为害嫩茎、幼叶、花蕾等,严重影响植株的生长和开花。

防治方法:使用10%吡虫啉可湿性粉剂2000倍液喷杀害虫。

⑦蔷薇三节叶蜂。该害虫多在幼虫期,数十条或百余条幼虫群集为害嫩叶,短时间内幼虫可将植株的嫩叶吃光,仅剩下几条主叶脉,严重影响植株的正常生长和发育。

防治方法:可于虫害刚出现时,采摘聚集有大量幼虫的叶片并杀死幼虫。虫害严重时,可用75%辛硫磷乳油4000倍液喷杀害虫。

⑧朱砂叶螨。朱砂叶螨一年可繁殖10~16代,以成螨、幼螨、若螨群集于叶背,刺吸植株汁液。虫卵多产于叶背叶脉的两侧或聚集的细丝网下。每只雌螨可产卵50~150粒,在23~25℃的气温条件下,则完成1代生活史只需10~13天,在28℃的气温条件下,需7~8天。

防治方法:发现虫害时,可用25%倍乐霸可湿性粉剂2000倍液喷杀。

⑨金龟子。金龟子主要有铜绿金龟子、黑绒金龟子、白星花金龟子、小青花金龟子等,常以成虫啃食新叶、嫩梢和花苞造成危害,严重影响植株的生长和开花。

防治方法:利用成虫的假死性,于傍晚振落捕杀;利用成虫的趋光性,用黑光灯诱杀;在成虫取食时,用50%马拉硫磷乳油1000倍液喷杀。

5. 采收与产地加工

药用月季花在5月份以后即可分期、分批采收。采收标准是花蕾已充分膨大但未开放。以第一次采收的花蕾质量最佳。提取芳香油或用作食物的月季应在花朵初开、刚露花心时采收。若采收过迟,则花心变红,质量变差。以上午8~10点花蕾含油量较高,应于此时采收。采后将鲜花晾干或用文火烘干。烘前将花摊薄,花冠向下,烘干后再翻转,直到全部干燥。

八、薏苡仁

1. 概述

薏苡仁为禾本科植物薏苡的干燥成熟种仁。薏苡仁有健脾渗湿、除痹止泻、清热排脓的功效,主治脾虚湿泻、小便不利、热淋、水肿、湿脚气、风湿热痹、筋脉拘挛、肺痈、肠痈等症,此外,还可用于治疗皮肤扁平疣及恶性肿瘤。薏苡仁主产于辽宁、福建、浙江、河北、江苏等省,全国大部分地区均有栽培。

2. 形态特征

薏苡为一年生或多年生草本植物。茎直立,高1~1.5米,基部节上生根。叶鞘光滑无毛,叶舌质硬,叶片呈线状披针形。总状花序成束腋生,直立或下垂,具总柄;小穗单生,雌小穗位于花序的下部,包藏于珐琅质总苞内,小穗和总苞等长;雄小穗常3个着生于一节,其中一个无柄,长6～7毫米,颖革质,第一颖扁平,两侧内折成脊,先端钝,具10余脉,第二颖为船形,具多数脉;颖内含2小花,外稃和内稃都是薄膜质;每朵小花含雄蕊3枚;有柄小穗和无柄小穗相似,或较小而呈不同程度退化。果实成熟时呈珠子状,为白色、灰色或蓝紫色,质地坚硬,表皮光亮,顶端尖,有孔,内有种仁。花期、果期均为7～10月份。

3. 生长习性

薏苡的适应性比较强,喜肥,喜湿润,不耐寒,怕干旱,尤其是苗期、抽穗期和灌浆期对土壤湿润度有一定要求,因此,干旱无水源的地方不宜种植。薏苡对土壤条件状要求不严,但以肥沃的沙质壤土为好。忌连作,一般不与其他禾本科作物轮作,前茬以豆科作物、棉花、薯类等为宜。种子容易萌发,发芽适温为25～30℃,发芽率为85%左右。种子寿命为2～3年。

4. 栽培技术

(1)选地整地 选择向阳、排灌方便、疏松肥沃的沙质壤土地块种植薏苡。前茬作物收获后,每亩施厩肥3000～4000千克,将土地深耕、耙细、整平,一般只开排水沟不需起畦,也可做平畦,一般以畦宽1.3～1.7米、沟宽25～30厘米、沟深约20厘米为宜。

(2)繁殖方法 薏苡的繁殖方法主要为种子繁殖,也可采用育苗移栽或大田直播。

①种子处理。为促进种子萌发和防治黑穗病,播前应进行种子处理。方法如下:用5%石灰水或1:1:100波尔多液浸种24～48小时,然后取出种子,用清水冲洗干净;用60℃温水浸种30分钟左右,

第四章 花、果实、种子类中草药

然后将种子置入凉水中冷却,捞出晾干。约 100 千克种子用 75%五氯硝基苯 0.5 千克进行拌种。

②大田直播。薏苡的播种期因品种而异,一般在 3~5 月份进行,早熟种可早播,晚熟种可晚播,也可点播或条播。目前生产上多采用直播法。

点播:行株距因品种而异,早熟种可密些,晚熟种可稀些,一般以 (25~40)厘米×(30~50)厘米为宜,穴深以 5~6 厘米为宜,每穴播 4~6 粒种子,覆土 4~5 厘米厚,稍镇压。每亩用种量为 2.5~3.5 千克。

条播:早、中、晚品种分别采用 33~40 厘米、40~50 厘米和 50~66 厘米的行株距,沟深以 5 厘米左右为宜,上覆细土,整平畦面,稍镇压。每亩用种量为 4~6 千克。

③育苗移栽。当苗高 12~15 厘米时即可移栽,株行距同直播,每穴栽苗 2~3 株,栽后浇稀粪水,育苗时每亩用种量为 30~40 千克。

育苗时间因品种而异,可在 4~6 月份采取地膜覆盖进行育苗。首先整好苗床,撒播育苗,稍覆细土,并保持土壤湿润。30~40 天后,当苗高 8~12 厘米、有 3 片真叶时进行移栽,每穴栽 1~2 株壮苗。移栽前,穴内施入腐熟的农家肥,并与穴土充分混合,栽后覆土并浇稀薄人粪水。最好在阴天或傍晚带土进行移栽。

(3)田间管理

①间苗、补苗。苗高 7~10 厘米或长出 3~4 片真叶时可进行间苗,每穴留苗 2 株。发现缺苗时应及时补栽。先将空穴挖开,再从出苗多的穴内挖出带泥坨的苗,栽在挖开的空穴内,覆土,踩实。

②中耕除草。一般要求除草 2~3 次,中耕 2~3 次,做到田间无杂草。封垄(培土)后,停止中耕,以免伤根,影响植株生长。

③追肥。若植株生长粗壮,叶色浓绿,可不追肥。但在抽穗扬花期,最好追一次磷肥、钾肥,可施过磷酸钙 10~15 千克、氯化钾约 10

千克,促进籽粒饱满,提早成熟。

④灌水。苗期、穗期、开花和灌浆期应保证有足够的水分,遇干旱时要在傍晚及时浇水,保持土壤湿润,雨后要排除畦沟积水。

⑤摘除脚叶。于植株拔节后,摘除第一分枝以下的老叶和无效分蘖,以利于通风透光,减少养分消耗。

⑥人工辅助授粉。薏苡是异花授粉植物,借风媒传授。开花期每隔3~4天于上午10~12时用拉绳法振动植株茎秆,使花粉飞扬,以助授粉,提高结实率。

(4)病虫害防治

①黑穗病。黑穗病又名"黑粉病",危害严重,发病率高。

防治方法:播种前严格进行种子处理;合理轮作;发现病株后立即拔除并烧毁,病穴用5%石灰乳消毒。

②叶枯病。叶枯病多在雨季发生,主要为害叶部。

防治方法:发病初期用1:1:100波尔多液或65%代森锌可湿性粉剂500倍液喷施。

③玉米螟。玉米螟于5月份下旬至6月份上旬始发,8~9月份危害严重,以1~2龄幼虫钻入心叶中咬食叶肉或叶脉。抽穗期以2~3龄幼虫钻入茎内为害。

防治方法:播种前清洁田园;心叶期用50%西维因粉约0.5千克加细土约15千克配成毒土杀虫,或用90%晶体敌百虫1000倍液浇灌心叶。

④黏虫。黏虫又名"夜盗虫",以幼虫为害叶片。

防治方法:幼虫期用50%敌敌畏800倍液喷杀害虫;用糖醋毒液(糖:醋:白酒:水=3:4:1:27)诱杀成虫;于化蛹期挖土灭蛹。

5.采收与产地加工

(1)采收 薏苡栽培当年就可以收获,具体采收期因品种、播种期不同而异。早熟品种于8月份即可采收,而晚熟品种要到11月份才能采收。同一植株籽粒的成熟时间也不一致,一般当植株下部叶片转黄、籽粒有85%左右成熟变色时,即可收割。

(2)产地加工 割下的植株集中立放,3~4天后用打谷机脱粒。脱粒后的果实晒干即得便于保藏的带壳薏苡。供药用或食用时,用脱壳机碾去薏苡的外壳和种皮,筛净、晒干即得薏苡仁。薏苡仁成品以表面乳白色、质坚实、断面白色、粉性足、完整者为佳。

九、栀　子

1. 概述

栀子为茜草科植物栀子的干燥成熟果实。栀子具有泻火除烦、清热利尿、凉血解毒的功效,内服主治热病高烧、心烦不眠、实火牙痛、口舌生疮、吐血、眼结膜炎、疮疡肿毒、黄疸型传染性肝炎、尿血等症,外用时可治外伤出血、扭挫伤。栀子主产于浙江、江西、福建、湖北、湖南、四川、贵州等省,全国大部分地区均有栽培。

2. 形态特征

栀子为常绿灌木或小乔木,高1~2米。叶对生或2叶轮生;叶绒质,呈长椭圆形或长圆状披针形,全缘;叶柄短;托叶鞘状,膜质。花单生于枝顶或叶腋,芳香;萼管倒圆锥形,有棱,裂片线形;花瓣呈旋卷形排列;花冠呈高脚碟状,初为白色,后变为乳黄色。果呈卵形,黄色,有翅状纵棱5~8条。种子多数,扁平。花期为5~7月份,果期为8~11月份。

3. 生长习性

栀子喜光、畏严寒,需要光照充足、通风良好、温暖湿润的生长环境。栀子喜土层深厚、疏松肥沃、排水良好的酸性土壤,是典型的酸性土壤植物。气温在-5℃以上能安全越冬,适宜生长温度为20~

25℃,温度在30℃以上时植株生长缓慢。种子容易萌发,发芽适温为25~30℃,发芽率可达95%以上。种子寿命为1~2年。

4.栽培技术

(1)选地整地　育苗地的土壤以疏松肥沃、透水、通气良好的沙壤土为宜。播前深翻土地,整平、耙细,做成宽1~1.2米、高17厘米左右的苗床。

定植地以坐北朝南或东南向、耕作层深厚、土壤肥沃、土质疏松、排灌方便的冲积壤土、紫色壤土和砾质土地块为好,重黏地或重盐碱地不宜种植。可利用丘陵、山坡、田边、地角种植。选地后宜冬前深翻。较平坦的田地应翻耕整地,翻耕20厘米以上;在山坡上种植时整好梯田做畦,畦宽视山的地势而定,一般为1.5~2.0米。缓坡地采用条带状整地法,翻耕20厘米以上,由山上部到山下部,沿等高地挖出里低、外高的反坡状条带,有利于蓄水保土。按预定栽植株数挖穴,平均规格为40厘米×40厘米×30厘米。栽植前,穴底施钙肥、镁肥、磷肥共0.25千克左右或复合化肥0.25千克左右,并以5~10千克的土杂肥或5~10千克的腐熟厩肥与土混匀作基肥。

(2)繁殖方法　栀子的繁殖可用种子繁殖、扦插繁殖和分株繁殖3种方法。生产上多采用种子繁殖和扦插繁殖。

①栽培及品种的选择。栀子栽培宜选择品系纯正的中叶宽冠型和矮枝矮冠型等优良栽培类型。目前适合栽培的栀子品种较多,主要有赣湘1号、赣湘2号、湘栀子18号、秀峰1号和早红98号等。

②种子繁殖。栀子的繁殖主要采用育苗移栽。秋、冬季节种子成熟时,采下果实晾干,或取出种子去果肉后晾干备用。栀子可于2月份下旬至3月份中下旬播种育苗,当年生苗木即可出圃,也可在9~11月份播种。播种前用40~45℃温水浸种1天,去掉浮种杂质,稍晾干即可播种。苗床起约1.3米宽的高畦,按20厘米左右的行距开

第四章 花、果实、种子类中草药

3~5厘米深的播种沟。先将种子与草木灰或细土混合,均匀地撒在沟里,覆土2~3厘米,最后盖草、浇水。每亩播种量为2.5~3千克,播种后50~60天开始出苗。

③扦插繁殖。4月份至立秋期间都可扦插,但以夏秋之际插条成活率最高。插条选用健康的二年生枝条,长度为15~20厘米。剪去下部叶片,将插条下端距芽约0.5厘米处削成马耳形,可在维生素B_{12}针剂中蘸一下,也可用0.2‰~0.5‰的吲哚丁酸浸泡后扦插,效果更佳。将插条斜插于准备好的苗床中,在空气相对湿度约为80%、温度为20~24℃条件下,约15天可生根。待插条生根、小苗开始生长后移栽。

④分株繁殖。选择优良健壮的植株,在春季或秋季,刨开表土,将萌蘖苗从与母株相连处分挖出来,然后单独栽植,浇施稀粪水,促进其成活。

(3) 田间管理

①中耕除草。幼苗出土后,揭去覆盖物,注意保持苗床湿润,及时除去杂草。定植后及时中耕除草,每年保持2次以上,中耕除草宜浅。

②追肥。定植后每年追肥3~4次。肥料以厩肥、堆肥为主,增施磷肥或饼肥可显著提高栀子产量。在3月份底至4月份初,每株施尿素2~3千克,为开花奠定营养基础;在花谢后的6月份下旬施壮果肥,每株深施复合肥3~4千克,此次施肥忌施氮肥,以防止夏梢过量抽发,影响果实生长。立秋前后重施花芽分化肥,每株施尿素2~3千克,配施粪尿水约2千克,挖穴水施,此次施肥是增产的关键。采果后,冬季在距树15厘米以外的地区,深耕、施肥、培土,可施堆肥(或厩肥)和硼肥、磷肥,以利于恢复树势,增强其越冬抗寒能力。

③灌溉、排水。幼树生长期若是夏伏天,遇长期干旱,土壤又十分干燥,要注意早晚及时浇水,以确保幼树的正常生长。对于结果树,在花前、花后、果实发育期除施肥外,在伏旱严重时,还要灌足1~

2次水,以确保栀子的优质与高产。

④整形修剪。栀子栽植后1年,于冬季或次年春季发芽前20天进行修剪,将主干30厘米左右以下的芽全部抹去,确保树形矮化,可采用抹芽、摘心、拉枝、疏枝、短截、回缩等方法。修剪时,先抹去根茎部和主干、主枝以下的萌芽,然后疏去冠内枯枝、病虫枝以及交叉、重叠、密生、下垂、衰老与徒长的枝条,使冠内枝条分布均匀,修剪成内空外圆、层次分明的树冠。这样有利于树冠的通风透光,减少病虫害,提高结实率。

(4)病虫害防治

①褐斑病。褐斑病主要为害叶和果。发病严重的植株,其叶片失绿、变黄或呈褐色,甚至枯死脱落,引起早期落果,严重影响产量。

防治方法:加强修剪,烧毁病株、病叶,防止病害的蔓延与传播;植株发病前,可用1:1:100波尔多液、50%甲基托布津1000~1500倍液或65%代森锌可湿性粉剂500倍液喷施,每隔7~10天喷1次,连喷2~3次。

②栀子黄化病。栀子黄化病主要为害叶片,通常是由缺肥引起的。正常施肥如果发生黄化病,多是因为植株体内缺铁。植株开始发病时,枝梢的心叶褪绿,叶脉为绿色。病情严重时,叶肉呈黄白色,叶片边缘枯黄,叶脉褪绿或呈黄色,最终叶片干枯,树势生长衰弱,开花结果减少。

防治方法:合理施肥;植株发生病害时,可在叶面喷施0.2~0.3%硫酸亚铁溶液,每周喷1次,连喷3次。

③栀子卷叶螟。栀子卷叶螟的幼虫主要为害栀子的春梢、夏梢和秋梢。遇虫口密度高峰期,会导致第二年花芽萌发减少,产量显著下降。

防治方法:可用杀螟杆菌(每克含活孢子100亿个以上)100倍液或90%晶体敌百虫1000倍液喷杀害虫。

④龟蜡蚧。龟蜡蚧若虫于6~7月份大量出现,栖居于枝梢、叶

片上吸食枝叶的汁液。

防治方法:冬季修枝后用1:10倍松脂合剂喷施;6~7月份用1:15倍松脂合剂或用40%乐果乳油混合50%马拉松1:1:1000倍液或用40%乐果乳油混合50%敌敌畏乳剂1:1:1000倍液喷杀害虫。

⑤咖啡透翅蛾。其幼虫主要为害叶片与花蕾。

防治方法:冬季翻地,使蛹暴露于表土,让蛹被天敌所食或人工捕杀虫蛹。发生虫害时,用阿维菌素500~800倍液或生物农药杀螟杆菌(每克含活孢子100亿个以上)100倍液喷杀害虫,或用90%晶体敌百虫1000倍液喷杀害虫。

⑥蚜虫。蚜虫主要为害嫩枝梢和花。

防治方法:发生虫害时,可用乐果40%乳油2000倍液喷杀害虫。

5.采收与产地加工

(1)采收 9~11月份栀子果实成熟呈红黄色时,选择晴天露水干后或午后进行采收,随熟随采。采收时间不宜过早或过晚。采摘过早,果未全熟,不仅果小色青,而且果内的栀子苷和黄色素含量低,影响产品的产量和质量。采摘过晚,果过熟,不仅干燥困难,加工后易霉烂变色,也不利于树体养分的积累和树林安全越冬。

(2)产地加工 将采回的鲜栀子除去果梗及杂质,直接晒干或烘干,也可置于蒸汽锅炉上蒸至上气或置于沸水中烫3~5分钟,取出干燥。干燥过程中,需轻轻翻动果实,勿损伤果皮,还应防止烘的外干内湿或烘焦。烘好的栀子以个头饱满、色橙红或红黄、皮薄、表面有光泽者为佳。

十、山茱萸

1.概述

山茱萸为山茱萸科植物山茱萸的干燥成熟果肉。山茱萸有补益肝肾、涩精固脱的功效,主治眩晕耳鸣、腰膝酸痛、阳痿遗精、遗尿尿频、崩漏带下、大汗虚脱、内热消渴等症。山茱萸主产于河南、浙江、陕西、江苏、安徽等省。河南西峡、浙江淳安、陕西佛坪是国内山茱萸三大主产区。

2.形态特征

山茱萸为落叶灌木或小乔木。嫩枝绿色,老枝黑褐色。叶片呈卵形或卵状椭圆形,顶端尖,基部圆形或楔形,表面疏生柔毛,背面毛较密,具6~8对侧脉,脉腋有黄褐色短柔毛;叶柄长约1厘米,有平贴毛。花序腋生,伞形,先叶开花,有4枚小型苞片,卵圆形,褐色;花萼4裂,裂片为宽三角形;花瓣4枚,卵形,黄色;花盘呈环状,肉质。核果呈椭圆形,成熟时为红色。花期为5~6月份,果期为8~10月份。

3.生长习性

山茱萸喜温暖湿润气候,适宜栽培在年平均温度为8~17.5℃、年降雨量为600~1500毫米的地区。山茱萸具较强的抗寒性,可耐短暂的-18℃低温,但开花期遇冻害会导致严重减产。

山茱萸的集中产区多分布于阴坡、半阴坡及阳坡的山谷、山下部,以海拔250~800米的低山分布较多。

4.栽培技术

(1)选地整地 栽培地宜选择半阴半阳、排灌方便的平地或5°左右的缓坡地,家前屋后、田边渠旁的闲散地亦可栽种。以土层深厚、肥沃疏松的沙壤土或壤土地块为好。每亩施有机肥4000~5000千克,将土地深耕、耙细、整平。山坡地要提前全面整地,沿等高线作成梯田或鱼鳞坑,以达到保水、保土、保肥的目的。

(2)繁殖方法 生产上多采用种子育苗移栽的方法,亦可进行扦

第四章 花、果实、种子类中草药

插繁殖或压条繁殖。

①种子繁殖。

• 选种：在寒露前后山茱萸果实成熟时采收种子，选择生长15～20年以上的高产树作采种树。采收颗粒饱满、粒大肉厚、无病虫害的果实。采果后将果实放置在阳光下晒3～5天，果皮变软后将种子挤出。种子只能生挤，不能烫煮，不能用火烘，否则影响种子发芽率。

• 种子处理。

用漂白粉或白碱液浸泡处理：每千克种子用漂白粉40～50克或白碱50克，浸泡3～4天，将种皮上的油质、胶质去掉，每天用木棒搅动几次，将漂起来的果皮果肉、漂浮的种子捞去。泡3～4天后将种子全部捞出，投入清水中反复搓揉漂洗，将核上残留的果肉等杂质漂洗干净。至果核发白、显出果棱线时捞出，再用清水冲洗几次，放在通风处晾干，晾晒7～10天即可播种。

尿水浸泡、牛粪处理：将山茱萸种子放入清尿水中浸泡1个月左右。11月份在向阳处挖一深坑，坑底先铺生牛粪一层，牛粪厚3厘米左右，上撒一层种子，依此堆积5～6层，最后盖上一层30厘米左右厚的细土，注意洒水，保持一定的湿度。第一年冬天埋下，待第二年4月份初挖开查看，种子萌动裂口后即可取出播种育苗，出苗率一般可达80%以上。

沙藏处理：种子采收后用1份种子和3份湿沙子拌匀，挖一浅坑，将拌好的种子放入坑内，坑深30厘米左右，上面盖土20～30厘米厚，再用稻草覆盖，防止雨水冲淋，第二年可播种。

• 播种：春分前后，将已破头萌发的种子挑出播种，播前在畦上开深5厘米左右的浅沟，行距25厘米左右，将种子均匀撒入沟内，覆土3～4厘米，稍加镇压，浇水。40～50天可出苗。

• 移栽：栽后第二年春季或秋季苗高60～80厘米时可移栽。秋季移栽可在10～11月份，于树苗落叶后至土壤结冻前进行；春栽在2～3月份，以发梢前移栽为好。平均株行距为3米×4米，每亩定植

60株左右。栽植前可挖深、长、宽各80厘米左右的坑,挖坑时将坑内表土和心土各放一边,将表土与肥料拌匀后先填回坑内,将树苗立于坑中,目测与前后树苗对齐,然后将心土填回坑内。边填边踩,将树苗轻轻上提,使根系舒展。栽好后及时浇透定根水,然后盖土封坑,并在苗木四周培土,以蓄水保墒。春季少雨时,要连续浇几次水,以保证移栽后的成活率。

②扦插繁殖。在2~3月份剪下66厘米左右长的枝条,用1:20000的萘乙酸钠溶液浸泡1天,按行距约33厘米、株距10~13厘米插入土中,枝条入土约13厘米深,苗床上要施足基肥,保持湿润,有条件的可采用小拱棚覆盖来保湿、保温,待枝条长出须根并成活后,方可移栽。

5月份中下旬,将健壮、无病虫害、结果多的优良植株枝条剪下,截成15~20厘米长的枝条,枝条上部保留2~4片叶,插入用腐殖土和细沙混匀所做的苗床,插条入土深度为插条的2/3左右,平均行株距15厘米×8厘米,压实,浇足水。可盖塑料薄膜,保持气温为25~30℃,相对湿度为60%~80%,苗床上可搭遮阴棚,6月份中旬要避免强光照射。越冬前撤遮阴棚,浇足水。第二年适当松土除草,加强水肥管理,在深秋冬初或第二年早春起苗定植。

(3)田间管理

①中耕除草。育苗地出苗后,要经常拔草。定植后每年要中耕除草4~5次,保持植株四周无杂草。

②追肥。当育苗地苗高15厘米左右时追施稀粪肥1次,加速幼苗生长。移栽时如基肥充足,当年可不追肥,以后每年春、秋两季各追肥1次。施肥量根据树龄而定,小树少施,大树多施,10年以上的大树每株可施人畜粪10~15千克。施肥时在树四周开沟,将肥料施入后浇水,待水渗下后将沟盖平。

③灌水排水。育苗地出苗前要经常浇水,保持土壤湿润,防止地面板结,可用草覆盖保湿。入冬前浇水1次,使植株安全越冬。定植

后第一年和植株进入花期、结果期时应注意浇水。

④修剪。当幼树高约1米时,于2月份上旬前将顶枝剪去,促使侧枝生长。幼树期每年早春将树基部丛生的枝条剪去,促使主干生长。自然开心形和主干分层形2种树型是适合山茱萸丰产的树型。修剪时要注意对树冠的整修和下层侧枝的疏剪,采用短截、回缩和疏枝等方法,去掉过密枝、交叉枝、病虫枝、干枯枝等,使树冠枝条分布均匀,以利于树冠的通风透光,有利于后期花芽分化和开花结果。

⑤培土壅根。幼树每年应培土1~2次,成年树可2~3年培土1次。如发现根部露出地表,应及时用土壅根。

⑥保花保果。花期进行人工辅助授粉可提高山茱萸的坐果率。授粉时间一般为雌花刚开时。用去胶的毛笔或扎有棉球的竹签蘸取花粉抹在雌花上。大面积授粉时,可用一个橡皮球连接一根胶管,胶管一端再装一个滴管,将花粉储藏在胶管里,手捏橡皮球,花粉通过滴管喷到雌花上。也可以在5千克水中加入0.3%蔗糖、0.3%硼砂,再加入约3克花粉,制成花粉悬浊液,向树冠花上喷洒。

此外,盛花期在上午8~10时喷0.2%~0.3%硼砂溶液,可以提高花粉的活力和植株的坐果率。也可在喷硼砂溶液的同时加入0.3%~0.4%尿素,效果更好。

(4)病虫害防治

①山茱萸炭疽病。山茱萸炭疽病又称"黑果病"。幼果发病时,病菌多从果顶侵入,病斑向下扩展,病变部位为黑色,边缘为红褐色,病斑逐渐扩展,果实变黑、干缩且多不脱落。成果发病时,最初出现棕红色小点,后扩大成圆形或椭圆形黑色凹陷斑,病斑边缘为红褐色,外围有红色晕圈。潮湿条件下,病变部位产生小黑点和橘红色孢子团,使全果变黑,干枯脱落。

防治方法:剪除病果病枝,挖坑深埋,减少越冬菌源;加强田间管理,适时修剪,合理浇水、施肥,增强植株抗病能力;植株发病初期,及时喷施25%施保克乳油1000倍液或50%施保功可湿性粉剂

1000~2000倍液进行防治;在该病侵染期喷洒1:2:200波尔多液、50%退菌特可湿性粉剂500倍液或40%多菌灵胶悬剂800倍液,连喷3~6次,每次间隔10~15天。

②灰色膏药病。该病多发生在成年树上,病菌孢子常附着在蚧壳虫的分泌物上发芽。菌丝侵染树枝的皮层,并在树枝表面形成不规则的厚膜,初为白色,后转变为黑褐色,状似膏药,故名"山茱萸膏药病"。发病后树势衰弱,严重时山茱萸树不能开花结果,甚至全株死亡。

防治方法:清除有病枝条,运到地外并集中烧毁。对于轻病树干,可用刀刮去菌丝层,然后涂上波美5度石硫合剂或石灰乳。消灭蚧壳虫,可用波美石硫合剂。夏季喷波美4度石硫合剂,冬季喷波美8度石硫合剂。植株发病初期喷1:1:100波尔多液,每隔10~15天喷1次,连续喷2~3次。

③山茱萸蛀果蛾。山茱萸蛀果蛾又名"食心虫"、"药枣虫",9~10月份以幼虫蛀食果实,11月份开始入土越冬。

防治方法:清除虫源及虫蛀果,以减少幼虫入土结茧;用2.5%敌百虫粉,按药土比1:300的比例配成药土,均匀撒布地表,并结合中耕翻入土中;利用食醋加敌百虫粉制成毒饵,诱杀成蛾;在5月份中下旬,连续2次喷洒20%杀可菌酯或2.5%溴氢菊酯乳油2500~5000倍液、90%杀虫脒可湿性粉剂1000倍液或40%乐果乳油1000倍液进行防治。

5.采收与产地加工

(1)采收 秋末冬初,山茱萸果实由黄变红,果肉变软,此时可进行采收。一般来说,10~20年的果树平均每株产8千克左右果实,20年以上的果树进入盛果期,50年以上的果树平均每株产50千克左右果实。

(2)产地加工 果实采收后,应进行净选,挑出树叶、树枝、果梗等杂物。当水温达到80℃时将果实入锅,煮约5分钟(一般按100克果实兑水200克),注意翻动。直至能用手将种子挤出时,迅速从锅里捞起果实,用凉水冲洗、沥干,用山茱萸脱粒机加工。此外还可用文火烘或置沸水中略烫或蒸的方法对果实进行软化处理。

随后将挤出的果肉进行烘干,烘干温度应控制在60~65℃,这样加工出的产品可保持产品原色、原质、原味,减少碎皮。烘干时要随时检查烘室温度,近半干时上下调换烘盘,用手翻动果肉,防止互相粘连成团。果肉充分干燥后,筛去杂质、碎末和果核,及时除去果核。

烘好的果子以表皮呈鲜红色、紫红色至暗红色,果肉较厚,表皮有光泽,味酸涩者为佳。

十一、吴茱萸

1. 概述

吴茱萸为芸香科植物吴茱、石虎或疏毛吴茱萸的干燥近成熟果实,具有散寒止痛、降逆止呕、助阳止泻的功效,主治厥阴头痛、寒疝腹痛、寒湿脚气、经行腹痛、脘腹胀痛、呕吐吞酸、五更泄泻等症。吴茱萸主产于贵州、云南、四川、湖北、湖南、广西、陕西和浙江等地,我国其他地区也有栽培。

2. 形态特征

吴茱萸为灌木或小乔木,高2~8米。幼枝、叶轴、叶柄及花序均被黄褐色长柔毛。单数羽状复叶对生;小叶呈椭圆形或卵状椭圆形,长5~14厘米,宽2~6厘米,上面疏生毛,下面密被白色长柔毛,有透明腺点。花为单性、异株,圆锥花序顶生。蓇葖果呈扁球形,有粗大腺点,每果含种子1粒。种子呈卵状球形,黑色,有光泽。花期为5~8月份,果期为6~10月份。

3.生长习性

吴茱萸喜温暖湿润的环境,严寒多风和过于干旱的地区不宜栽培。栽培土壤以土层深厚、肥沃、排水良好的沙质壤土为好。

4.栽培技术

(1)**选地整地** 吴茱萸对土壤要求不严,一般在海拔1000米以下的山坡沟边、温暖湿润的山地、疏林下或林缘空旷地、低山及丘陵、平原、房前屋后、路旁均可种植。但做苗床时以土层深厚、肥沃、排水良好的壤土或沙壤土地为佳,低洼积水地不宜种植。结合深耕,每亩施农家肥2000~3000千克作基肥,深翻后暴晒几天、碎土、耙平。

(2)**繁殖方法** 吴茱萸的繁殖方法主要是无性繁殖,可分为根插繁殖、枝插繁殖和分蘖繁殖3种。

①根插繁殖。选四年生至六年生、根系发达、生长旺盛且粗壮优良的单株作母株。于2月份上旬,挖开母株根际周围的泥土,截取筷子粗的侧根,不宜取过多,否则影响母株生长。切成约15厘米长的小段,在备好的畦面上,按平均行距15厘米、株距10厘米开沟,将根斜插入沟中,上端稍露出土面,覆土,稍加压实,浇少量清粪水后盖草保温。此后要勤浇水维持湿度,以利于插条发芽。雨天要注意排水,防止积水烂根。1~2个月后,插条即长出新芽,此时去除盖草,并浇清粪水1次。第二年春季或冬季插条即可移栽定植。

②枝插繁殖。2月份吴茱萸抽芽前,选择一年生或二年生、健壮、无病虫害的枝条,截取中段,剪成15~20厘米长的插条,插条须保留2~3个芽眼,上端截平,下端近节处切成斜面。将插条按平均行株距10厘米×20厘米斜插入苗床中,入土深度以插条长度的2/3为宜,切忌倒插。再覆土、压实、浇水、遮阴,也可施少量的稀薄人粪尿。一般经1~2个月插条即可生根,第二年就可移栽。

③分蘖繁殖。吴茱萸容易分蘖,可于每年冬季,距母株约50厘

米处刨出侧根,每隔10厘米左右割伤皮层,覆土、施肥、盖草。第二年春季,便会抽出许多根蘖幼苗,除去盖草,待苗高30厘米左右时与母株分离并移栽。

冬、春两季均可移栽,冬季以12月份移栽最好,春季以3~4月份移栽最好。一般按行株距3米×2米挖穴,穴径为50~60厘米,穴深视根的长短而定。先施入腐熟的厩肥或河泥约10千克作基肥,栽苗后覆土、压紧、浇水。初栽苗小,可以和花生、豆类及红薯等套作。

(3)田间管理

①中耕除草。幼苗定植成活后及时松土、除草,但中耕不宜过深,以免伤根。

②施肥。育苗期及苗期以浇稀薄人畜粪水为宜。开花结果树应注意在开春前多施磷肥、钾肥,开花前施人畜粪尿等肥料,开花后追施一次复合肥,以利于果实的饱满和提高坐果率。冬季落叶后,在株旁开沟施冬肥一次,以堆肥、厩肥为主,施肥后覆土盖严,以防植株发生冻害。

③灌溉排水。吴茱萸苗期要保持土壤湿润,移栽后要加强田间管理,干旱时应及时浇水。多雨季节注意排涝。

④修整枝条。为了保持一定的树型,利于通风透光,提高结果量,减少病虫害以及获得更多繁殖枝条,通常于冬季落叶后进行修枝。整枝时,当株高1~1.5米时,于秋末在离地面80~100厘米高处剪去主干顶部,促使主干多分枝,使侧枝向四周生长。对老树修枝时要注意里疏外密,除去过密枝、交叉枝、下垂枝、病虫枝与枯枝等。

(4)病虫害防治

①煤污病。煤污病又称"煤病",5~6月份多发,病害侵及植株叶部及枝干。此病与蚜虫、蚧壳虫为害有关,受害植株初期可发现不规则的黑褐色煤状斑,后期叶片和枝干上像覆盖了厚厚的煤层,病树开花和结果严重减少。

防治方法:杀灭传播源,在虫害发生期用40%乐果乳油2000倍液或25％亚胺硫磷800～1000倍液喷杀害虫,每隔7天喷1次,连续喷2～3次;植株发病期用1:0.5:150波尔多液喷施,10～14天喷1次,连续喷2～3次。

②锈病。锈病一般于5月份始发,6～7月份为害严重。该病主要为害吴茱萸的叶子,发病初期在叶片上形成近圆形不太明显的黄绿色小点,然后发展成铁锈色的病斑,严重者叶片枯死。

防治方法:发病时喷施波美2～3度石硫合剂或25％粉锈宁1000倍液,也可喷施65％代森锌可湿性粉剂500倍液,7～10天喷1次。

③褐天牛。褐天牛一般于5月份始发,7～10月份为害严重,以幼虫蛀食树干为害,严重者导致枝干中空死亡。发生虫害时,在离地面30厘米以下主干上出现胶质分泌物、木屑和虫粪。

防治方法:在5～7月份成虫盛发时进行人工捕杀。用小刀刮去树上的卵块及初孵虫,并进行杀灭处理。利用褐天牛的天敌天牛肿腿蜂进行防治。用药棉浸80％敌敌畏原液塞入蛀孔内或用80％敌敌畏800倍液灌注虫洞,或灌入可湿性六六六粉50倍液,封住洞口,杀死幼虫。

④柑橘凤蝶。柑橘凤蝶一般于3月份始发,5～7月份为害严重,以幼虫咬食幼芽嫩叶或嫩枝,造成枝叶的缺刻或孔洞,严重影响植株生长。

防治方法:在幼虫期喷洒90％晶体敌百虫1000倍液,每隔5～7天喷1次,连续喷2～3天。

此外,吴茱萸的害虫还有蚜虫、小地老虎和黄地老虎等。蚜虫主要为害嫩枝叶,可用40％乐果乳油2000倍液喷杀;小地老虎和黄地老虎幼虫主要为害幼苗,虫害严重时,用炒香的麦麸或菜籽饼约5千克与90％晶体敌百虫约100克制成毒饵诱杀害虫。

5.采收与产地加工

(1)采收 吴茱萸移栽 2~3 年后就可开花结果。采收时期因品种而异,一般 7~9 月份当果实由绿色转为橙黄色且果实尚未开裂时就可采收,剪下果枝。早上有露水时采收较好,以减少果实脱落。吴茱萸一般可结果 20~30 年。三年生吴茱萸每株可收干果 1~1.5 千克,六年生或七年生吴茱萸每株可收干果 3.5~5 千克。

(2)产地加工 将吴茱萸鲜果晒干或用低温干燥,搓去果柄,去除杂质。

干燥后的果子以身干、呈五棱扁球形、黑褐色、表面粗糙、有瘤状突起或凹陷的油点(点具五瓣,多裂口)、气芳香浓郁、味辛辣者为佳。

十二、决明子

1. 概述

决明子为豆科一年生草本植物决明的干燥成熟种子,具有清肝明目、润肠通便、降脂瘦身的功效。决明子在全国各地均有栽培,南方主产地为安徽、浙江、广东、广西、四川等地,北方主产地为河北、山东、甘肃等地。

2.形态特征

决明为一年生半灌木状草本植物,高 1~2 米。羽状复叶,有小叶 6 片,叶柄无腺体,在叶轴 2 小叶之间有 1 腺体;小叶呈倒卵形至倒卵状长圆形,长 1.5~6.5 厘米,宽 0.8~3 厘米,幼时两面疏生长柔毛。花通常只有 2 枚花瓣,腋生,总花梗极短;萼片 5 枚,分离;花冠黄色,花瓣呈倒卵形,长约 1.2 厘米,最下面的 2 瓣稍长;发育雄蕊 7 枚。荚果呈线形,长达 15 厘米,直径 3~4 毫米。种子多数,近菱形,外皮为淡褐色,有光泽。花期为 7~9 月份,果期为 10 月份。

3. 生长习性

决明喜温暖,耐旱不耐寒,怕冻害,幼苗及成株易受霜冻致死,叶片脱落,种子不能成熟。决明对土地条件要求不严,闲散地亦可种植,但以排水良好、土层深厚、疏松肥沃的沙质壤土为佳。

4. 栽培技术

(1)选种　播种前,应测试籽种的发芽率。具体方法:将籽粒饱满的籽种分成若干份,依次编号,在各份中分别取出125～250克放入相对应编号的器皿中,用50℃左右的温水浸泡约1天,将水倒掉,再用清水冲一遍,然后用湿布覆盖以保持一定的湿度,3天后籽种便可陆续出芽,选择出芽率达到85%以上者作为籽种。

(2)整地　在选好的地块中,每亩施圈肥2000～2500千克、过磷酸钙约25千克,均匀地撒在地面上,将土地耕翻、耙细、整平,一般不做畦,也可做成1.2～1.5米宽的平畦。

(3)繁殖方法　决明的繁殖方法主要是种子繁殖。将经过测试选出的优良籽种,用约50℃的温水浸泡1天,待其吸水膨胀后,捞出晾干表面,即可播种。播种期以清明至谷雨期间(4月份中旬)、气温在15～20℃时为宜。过早播种,地温低,种子易在土中腐烂;过晚播种,种子不能成熟,影响产品的产量和质量。播种以条播为宜,行距50～70厘米,开5～6厘米深的沟,将种子均匀地撒在沟内,覆土3厘米左右厚,稍加镇压,播后10天左右可出苗。北方地区天旱时,要先灌水后播种,不要播后浇水,以免表土板结,影响出苗。

(4)田间管理

①松土锄草。苗高3～6厘米时,进行间苗,把弱苗或过密的幼苗拔除;苗高10～13厘米时,进行定苗,株距为30厘米左右。在间苗和定苗的同时进行松土锄草,保持土壤疏松。决明植株比较耐旱,保持土壤在一般湿度即可正常生长,天旱时适当浇水,但在定苗期间

第四章 花、果实、种子类中草药

为促进其蹲苗,应少浇水。至白露(9月份上旬)时,果实趋于成熟,可停止浇水。

②追肥。在苗高35厘米左右、植株封垄前,每亩施过磷酸钙约20千克、硫酸铵10～15千克,混施于行间,然后中耕培土,把肥料埋在土中,可防止植株倒伏。

(5)病虫害防治 决明子的病害以灰斑病为主,其病原是真菌中的一种半知菌,主要为害叶片。植株发病初期,叶片中央出现稍淡的褐色病斑,继而在病斑上产生灰色霉状物。可在植株发病前或发病初期喷65%代森锌可湿性粉剂500倍液或50%退菌特800～1000倍液防治。

虫害多发生在春末夏初,以蚜虫为主,用乐果乳油200倍液喷治。

5.采收与产地加工

决明子到秋分(9月份下旬)时逐渐成熟,待荚果变成黄褐色时开始收获。将全株割下晒干,打出种子,去除杂质,即成药材。决明子应储存在通风、干燥、阴凉处,注意防潮和防鼠害。

十三、栝 楼

1.概述

栝楼为葫芦科植物栝楼或双边栝楼的干燥成熟果实,具有清热散结、润肺化痰、润燥滑肠的功效。栝楼的种子入药称"蒌仁",根入药称"天花粉"。

2.形态特征

栝楼为多年生攀缘藤木植物,藤长5～6米。块根肥大,圆柱形,稍扭曲,外皮浅灰黄色,断面白色,肉质。茎多分枝,卷须细长,有2～

3枝。单叶互生,具长柄,叶形多变,通常为心形、掌状,有3~5个浅裂至深裂。雌雄异株,雄花3~5朵,总状花序,萼片线形;花冠白色,裂片倒三角形,先端有流苏,雄蕊3枚。雌花单生于叶腋,花柱3裂,子房呈卵形。瓠果呈近球形,成熟时为橙黄色。种子扁平,呈卵状椭圆形,外皮为浅棕色。花期为7~8月份,果期为9~10月份。

3. 生长习性

栝楼植株喜温暖、湿润环境,不耐干旱,较耐寒,适合在海拔350~800米的朝南阳坡种植。栝楼为深根植物,根可深入土中1~2米,栽培时应选土层深厚、疏松肥沃的沙质壤土,易积水的低洼地不宜种植。

4. 栽培技术

(1)选地施肥 栝楼根入土较深,需深翻地。常在封冻之前,每隔1.7米左右挖1条深约0.5米、宽约30厘米的沟。使土壤经过一个冬天充分风化疏松,并消灭病虫害。第二年清明前,每亩用土杂肥约5000千克与土拌匀,将沟填平。然后顺沟放水灌透,过2~3天再将沟整平,锄一遍,使土壤疏松,待土壤干湿适宜时,即可种植。

(2)繁殖方法 栝楼的繁殖方法有种子繁殖和分根繁殖。

①种子繁殖。果实成熟时,选橙黄色、健壮充实、柄短的成熟果实,从果蒂处剖成两半,取出内瓤,漂洗出种子,晾干收储。第二年3~4月份,选饱满、无病虫害的种子,用40~50℃的温水浸泡约4小时,取出稍晾,用3倍湿沙混匀后置20~30℃温度下催芽。当大部分种子裂口时,即可按1.5~2米的穴距穴播,穴深以5~6厘米为宜,每穴播种子5~6粒,覆土3~4厘米厚,并浇水,保持土壤湿润,一般种子15~20天即可出苗。待幼苗出土后,加强管理。第二年春天即可移栽。

②分根繁殖。北方地区在清明前后、南方地区在10月份下旬将

第四章 花、果实、种子类中草药

块根挖出。选无病虫害、直径为4~7厘米、折断面呈白色的新鲜块根,用手折成5厘米左右长的小段作种根。选择雌株块根,适当搭配一定数量的雄株块根,以利于授粉和结果。折断的块根稍微晾晒,使伤口愈合,才能作种栽。从清明到立夏都可以栽植。移栽时,在整好的沟面上,每隔60厘米左右挖9厘米深的穴,将种根平放在穴里,上面盖土3~6厘米,用脚踩实,再培土6~9厘米,使其成小土堆,以防人畜践踏,利于保墒。一般1个月左右块根即可出苗。

(3)田间管理

①中耕除草。每年春、冬两季各进行1次中耕除草。生长期间视杂草滋生情况,及时除草。

②松土。栽后半个月左右,扒开土堆查看,如种根已萌芽,土壤又不干燥,可将土堆扒平,以利于幼苗出土。出苗前如降大雨,待雨后地皮稍干时,应轻轻松土,松土不可过深,防止伤害幼芽。

③排水灌水。栽后如土壤干燥,可在离种根2~9厘米的一边开沟浇水,不可浇蒙头水。每次施肥后,在距植株约30厘米远处做畦埂,放水浇灌。整个生长期内干旱时要适当浇水,使土壤保持湿润。雨后要及时排涝,防止地里积水。

④搭架。当茎长约30厘米时,去掉多余茎蔓,每棵只留粗壮蔓2~3根,一般2~3行搭一架。可用长约1.5米的柱子搭架。每隔2~2.4米埋1根柱子,共埋3行,即形成一行栝楼一行柱子。两边的柱子应埋在栝楼行的里侧,要和植株错开;中间一行埋在栝楼行间,离植株45~60厘米。搭成的架子高约1.5米、宽2.4~2.7米,长短根据畦长而定。埋好柱子后,用14号铁丝顺着每行柱子各拉一趟,铁丝缠在每根柱子上面,然后横着拉铁丝。架子两头各横着拉一道铁丝,中间每隔3~4根柱子横拉一道。在架子的四角和中间,用铁丝拉到地面上,缚在斜嵌入地面的石柱子或木柱子上,以保持架子的牢固性。拉铁丝后,在架子平顶上横排2行高粱秸,行距约6厘米,将高粱秸的梢朝里,根部朝外,与架子平齐,中间交叉重叠起来,再用

绳子把高粱秸绑在铁丝上。

⑤引苗上架。当茎长30厘米左右时,在每棵栝楼旁插1棵高粱秸,用绳捆在一起,上端捆绑在架子上,以便引导茎蔓攀缘上架。秧苗不可捆得太紧,以免架子被风吹动,损伤茎蔓。每棵栝楼选2～3根健壮的茎向中间伸长。架顶上过多的分枝及腋芽要及时摘去,以免消耗养分,也有利于通风透光。

⑥追肥。栽后第一年,如底肥不足,可在6月份追一次肥。从第二年起,每年要追肥2次。第一次在苗高约34厘米时,第二次在6月份中旬(开花之间)。追肥均以有机肥为主,每亩用腐熟的大粪500～1000千克或豆饼约50千克加尿素10～15千克、过磷酸钙约15千克。栝楼喜大肥,土杂肥数量不限,也可追施其他各种有机肥。在植株四周开沟施入、覆土、盖平,做畦后浇水。

⑦人工授粉。在栝楼行间或架子旁边适当种些雄栝楼(野栝楼多数为雄性栝楼)。在开花期间的早晨8～9点时,用毛笔或棉花蘸取雄花的花粉,然后与雌花柱头接触。一朵雄花的花粉可供10～15朵雌花授粉用。也可以将花粉装入眼药水瓶内,滴几滴在柱头上,这样能提高坐果率。

⑧越冬管理。摘完栝楼后,将离地约30厘米以上的茎割下来,将留下的茎段盘在地上。然后将株间土刨起,堆积在栝楼上,形成30厘米左右高的土堆,可以防冻。

(4)病虫害防治

①根结线虫。根结线虫通常寄生在栝楼块根上,使根部出现形状不一的肿瘤。

防治方法:可用约5%克线磷颗粒剂撒在畦面,将浅层土翻入地下并浇水。春、夏两季各施1次,每亩用药量约为10千克。也可在播种或移栽前整地时每亩施2.5%三唑磷颗粒约10千克,翻入地下约20厘米,以作防治。

②黄守瓜和黑足黑守瓜成虫。这两种害虫主要取食栝楼幼苗或

叶片。5~7月份，幼虫孵化后啃食块根。

防治方法：可用90%晶体敌百虫1000倍液喷杀害虫。

③蚜虫：可用40%乐果乳油1000~1500倍液或12.5%唑蚜威1500~2000倍液喷杀害虫。

5.采收与产地加工

栝楼栽后2~3年开始结果。秋分至霜降期间，果实仍呈绿色时，种子已成熟，即可分批采摘。如来不及采摘，可将栝楼秧子从根部割断，使栝楼在架上悬挂一段时期，但悬挂时间不可过长。采摘过早，则果实不成熟、糖分少、质量差；采摘过晚，则果实较难干燥。

采摘方法：将果实连带30厘米左右的茎蔓一起割下，均匀地编成辫子。不要让两个果实靠在一起，以防刮风碰击后霉烂。操作时轻拿轻放，不能摇晃碰撞。将编好的栝楼辫子挂在通风避雨处阴干，或挂在稍微见到阳光的地方，不可在烈日下暴晒，让其自然干燥。晒干的果实色泽深暗，晾干的果实呈鲜红色。如果采摘适时，晾干妥当，仁栝楼有2个多月可供干燥。糖栝楼水分多，需3~4个月才能晾干。冬季注意防雨淋及防冻。栝楼干后即可供药用，其产量随植株生长年限的增加而逐年增多。

雄株栽种3年后就可取块根入药。果实采摘完后，挖取植株的根并洗净，刮去外皮，量大时可用脱皮机脱皮，切块晒干后作天花粉入药。

栝楼以完整无损、个大、皮厚柔韧、皱缩、色橘红或杏黄、糖性足者为佳。

十四、银　杏

1.概述

银杏科银杏属植物银杏的干燥成熟种仁称为"白果"，具有润肺、定喘、涩精、止带的功效。白果主治哮喘、咳痰、梦遗、白带白浊、小儿腹泻、虫积、肠风脏毒、淋病、小便频数以及疥癣、疥疮、白癜风等症。银杏叶也可入药,银杏叶主治冠状动脉硬性心脏病、心绞痛、高胆固醇血症等症。银杏为我国特产植物,主产于广东、辽宁、江苏、浙江、陕西、甘肃、四川、贵州、云南等地。

2.形态特征

银杏为落叶高大乔木,高度可达40米,全株无毛。干直立,树皮淡灰色,老时为黄褐色,纵裂。雌雄异株,雌株的大枝展开,雄株的大枝向上伸;枝有长枝(淡黄褐色)和短枝(灰色)之分。叶具长柄,簇生于短枝顶端或螺旋状散生于长枝上;叶片呈扇形,上缘呈浅波状,有时中央有浅裂或深裂,具多数2叉状并列的细脉。4~5月间开花,花为单性,异株,少数同株;球花生于短枝叶腋或苞腋;雄球花为柔荑花序状,雌球花具长梗,梗端分2叉(少数不分叉或分3~5叉)。种子呈核果状,近球形或椭圆形;外种皮肉质,被白粉,成熟时呈淡黄色或橙黄色,状如小杏,有臭气;中种皮骨质,白色,具2~3棱;内种皮膜质;胚乳丰富,含2枚子叶。

3.生长习性

银杏喜温暖湿润气候,需栽培在向阳、肥沃的沙质壤土上,比较耐寒、耐旱。

4.栽培技术

(1)选地整地　银杏属于深根性植物,生长年限很长,人工栽植时,要考虑地势、地形、土质、气候等条件,为其创造良好的生存条件。选择地势高燥、阳光充足、土层深厚、排水良好、疏松肥沃的壤土、黄松土、沙质壤土地块栽培。银杏在酸性和中性壤土中生长旺盛,长势好,能够提前成林。银杏为雌雄异株树种,异花授粉后才能结果。种

第四章 花、果实、种子类中草药

植地选好后,按宽约 120 厘米、高约 25 厘米做畦,畦面选择中间稍高、四边略低的龟背形,畦周开好排水沟,旱堵水沟、涝排水,还要有配套的水利设施。

(2)繁殖方法 银杏的繁殖方法有种子繁殖、分株繁殖、扦插繁殖和嫁接繁殖。

①种子繁殖。

选择育苗地:选择地势平坦、背风向阳、土层深厚、土质疏松肥沃、有水源又排水良好的地方作育苗地。对育苗地进行全垦深翻,每亩施入掺过磷酸钙的圈肥或土杂肥 500~750 千克。

催芽及播种:秋季播种时可在采种后马上播种,不必催芽。春季播种则应进行催芽,在春分前取出沙藏的种子,放在塑料大棚或温室中,注意保湿,待 60% 以上的种核露芽后即可播种。

银杏播种可采用条播、撒播、粒播等方式,以条播效果最好。在苗圃地按 20~39 厘米行距开沟,以沟深 2~3 厘米、播幅 5~8 厘米为宜。下种时种子应南北放置,方向一致、胚根向下,种子缝合线与地面垂直或平行,种尖横向,这样下种的种子出苗率高,根系正常,幼苗生长粗壮。按株距 8~10 厘米播种。播种后盖上细土,并用塑料地膜覆盖,待幼苗出土后及时去掉地膜,可使出苗早而整齐。

②分株繁殖。2~3 月份,从壮龄雌株母树根蘖苗中分离 4~5 株高 100 厘米左右的健壮、多细根苗,移栽定植到林地。栽前要整地施基肥,栽植入土深度要适当,不能过深和过浅,移栽后若土地不过分干旱,可以不浇水。

③扦插繁殖。夏季从结果的树上选采当年生的短枝,剪成 7~10 厘米长的小段,下切口削成马耳状斜面。基部浸水 2 小时后,扦插在蛭石沙床上,间歇喷水,30 天左右大部分插穗可以生根。

④嫁接繁殖。以盛果期健壮枝条为接穗,用劈拦法接在实生苗上。

(3)移栽 移栽的时间分春、秋两季,春季每公顷栽苗约 525 株,挖穴栽植,穴深以50厘米左右为宜,再把穴底挖松15厘米左右深,把农家肥料、有机杂肥和磷肥混合在一起,充分腐熟,和土混合均匀,上面再覆土约10厘米。把苗放在穴内栽植,栽稳,踩实,轻轻提苗,使根舒展开,浇定根水,每公顷搭配5%左右的雄株。每公顷施肥约300千克。

(4)田间管理

①中耕除草。刚移栽的银杏地可套种决明、紫苏、荆芥、防风、柴胡、桔梗、豆类、薯类等矮秆作物,并结合中耕除草追肥。树冠郁闭前,每年施肥3次。春季施催芽肥,初夏施壮枝肥,冬季施保苗肥,适当配合施氮肥、磷肥、钾肥。

施肥方法:在树冠下挖放射状穴或者环状沟,把肥料施入后覆土、浇水,从花期开始至结果期,每隔1个月进行1次根外追肥。用0.5%尿素加0.3%磷酸二氢钾,制成水溶液,在阴天或晚上喷施在枝干和叶片上。如果喷施后遇到雨天,需重新喷施。

②人工授粉。银杏属于雌雄异株植物,需借助于风和昆虫来完成授粉。为了提高银杏的挂果率和坐果率,要进行人工授粉。其方法如下:采集雄花枝,挂在未开花的雌株上,借风和昆虫传播授粉。人工授粉可大大提高银杏的结实率。

③修剪整枝。为了使植株生长发育加快,每年需剪去银杏根部的萌蘖和一些病株、枯枝、细枝、弱枝、重叠枝、伤残枝和直立性枝条,夏季摘心、掰芽,使养分集中,促使植株多分枝。

(5)病虫害防治

①茎腐病。夏季苗木茎基受伤时,土壤带有的病菌会入侵苗木。初始茎基变褐、皱缩,后期内皮腐烂,叶片失绿。

防治方法:用厩肥或棉籽饼作基肥,并施足肥料;搭棚遮阴,高温干旱时,灌水降低土温;及时清除病菌。

②樟蚕。樟蚕是银杏树的主要害虫。

防治方法:冬季刮除树皮,除虫卵。6~7月份人工摘除虫蛹。

第四章 花、果实、种子类中草药

用90%晶体敌百虫1000倍液喷杀刚孵化的幼虫。

5.采收与产地加工

(1)采收

①采收时间。9月份下旬,银杏外种皮已由青绿色变为橙褐色或青褐色,用手捏之较松软,外种皮表面覆盖了一层薄薄的白色"果粉"。少量成熟种子自然落果,中种皮已完全骨质化,此时为银杏的采收适期。

②采收方法。银杏是孤立木、散生树,果材兼用,因树体高大,故一般用竹竿敲落果实,或用钩镰钩住侧枝摇落果实。用竹竿敲打银杏枝时,应尽量避免打落枝叶,以防影响树体发育。在银杏矮化密植的丰产园,由于树体低矮,一般可从树上直接采摘果实。

(2)产地加工

①脱皮。将采收的银杏堆放在一起,厚度以不超过30厘米为宜,上覆湿草。堆沤2~3天,外种皮即会腐烂,这时可用脚轻踩、木棒轻击、手搓等方法去除种皮。银杏外种皮含有醇、酚、酸等多种化学物质,许多人的皮肤在接触后会发生瘙痒,出现皮炎、水泡等过敏反应,因此,在脱皮操作过程中应尽量避免手、脚和其他部位的皮肤直接接触银杏。

②漂白。银杏外种皮除掉后,应立即放在漂白液中漂白和冲洗。若银杏脱皮后至漂白前停留的时间过长,未除净的外种皮会污染洁白的中种皮,使中种皮失去光泽,降低银杏的品质。

漂白液的配制方法是:将0.5千克漂白粉放在5~7千克温水中化开,滤去渣子后,再加40~50千克清水稀释。每1千克漂白粉,可漂白1000千克左右除掉外种皮的银杏。漂白时间为5~6分钟。银杏捞出后,在溶液中再加入0.5千克漂白粉,可再漂白100千克银杏。如此连续5~6次,漂白液已不可再用,须另行配制。银杏倒入溶液后,应立即搅动,直至骨质的中种皮变为白色时,即可捞出。然后用清水连续冲洗几次,至果面不留药迹、药味为止。漂白用的容器,以瓷缸、水泥槽等为宜,禁止用铁器。

③阴干。漂洗后的银杏可直接摊放在室内或室外通风处阴干。在阴干过程中,应勤翻动,以防中种皮发黄或霉污。

干燥后的种仁以种实饱满、外壳白净、干燥度适度者为佳。

十五、酸枣仁

1. 概述

酸枣仁为鼠李科植物酸枣干燥成熟的种仁,具有补肝胆、宁心敛汗等功效。酸枣仁主产于河北、河南、陕西、辽宁等省。

2. 形态特征

酸枣树为落叶灌木或小乔木,高1～4米。小枝呈"之"字形弯曲,紫褐色。酸枣树上的托叶刺有2种,一种直伸,长达3厘米,另一种常弯曲。叶互生,叶片呈椭圆形或卵状披针形,长1.5～3.5厘米,宽0.6～1.2厘米,边缘有细锯齿,基部出脉3条。花黄绿色,2～3朵簇生于叶腋。核果小,成熟时为红褐色,呈近球形或长圆形,长0.7～1.5厘米,味酸,核两端钝。花期为4～5月份,果期为8～9月份。

3. 生长习性

酸枣喜温暖干燥的环境,适应性极强,耐碱、耐寒、耐旱、耐瘠薄,但不耐涝。酸枣不宜在低洼水涝地栽培,对土质要求不严。

4. 栽培技术

(1)选地整地 选择土层深厚、肥沃、排水良好的沙壤土,每亩施厩肥1500～2000千克,深翻20～25厘米,耙平、整细,做宽100～130厘米的畦。

(2)繁殖方法 酸枣的繁殖方法有种子繁殖和分株繁殖。

①种子繁殖。选择生长健壮、连年结果且产量高、无病虫害的优良母株,于9~10月份采收成熟的红褐色果实,堆放在阴湿处使果肉腐烂,置清水中搓洗出种子,与3倍种子量的湿沙混合,在室外向阳干燥处挖坑层积(沙藏)。或将种子装入木箱内,置室内阴凉湿润处储藏。第二年春季当种子裂口露白时即可播种。春播于3月份下旬至4月份上旬进行,秋播于10月份下旬进行。按行距30厘米左右开沟,沟深约3厘米,将种子均匀撒入沟内,覆土后稍镇压、浇水,盖草保温、保湿,10天左右可出苗。齐苗后揭除盖草。幼苗培育1~2年,待苗高80厘米左右时即可出圃,按平均行株距2米×1米开穴定植,穴深约30厘米,每穴栽1株苗,填土、踩实、浇水。

②分株繁殖。选择优良母株,于冬季或春季植株休眠期,距树干15~20厘米处挖宽40厘米左右的环状沟,深度以露出水平根为限,将沟内水平根切断。当根蘖苗高30厘米左右时,选留壮苗培育,沟内施肥,填土,在离根蘖苗约30厘米远的地方开第二条沟,切断与原植株相连的根,促使根苗自生须根,数天后将沟填平,培育1年即可定植。

(3)田间管理

①松土除草。苗期及时松土除草,定植后每年松土除草2~3次,也可间种豆类、蔬菜等,并结合间作进行中耕除草。

②追肥。苗高6~10厘米时,每亩施尿素或硫酸铵10~15千克;苗高30~40厘米时,在行间开沟,每亩施厩肥1000千克、过磷酸钙约15千克,施后浇水。4~5年后苗木进入盛果期,每年秋季采果后,在株旁开沟,每株约施土杂肥50千克、过磷酸钙2千克、碳酸氢钠1千克。

③修剪。苗木定植后,当干径粗达3厘米左右时,以高度60~80厘米定干,并逐年逐层修剪,将整个树体高度控制在2米左右,经3年整形修剪可形成圆形主干层。成年树主要于每年冬季及时剪除密

生枝、交叉枝、重叠枝和直立性的徒长枝,同时剪除针刺,改善树冠内的透光性,以提高坐果率。盛花期在离地约10厘米的主干处进行环状剥皮,剥皮宽度约为0.5厘米,可显著提高坐果率。

(4)病虫害防治

①病害。酸枣树的主要病害有枣锈病和枣疯病。枣锈病为害叶片,病叶变成灰绿色,无光泽,最后出现褐色角斑而脱落。枣疯病感染植株后,植株生长衰退,叶形变小,枝条变细,多簇生成丛枝状,花盘退化,花瓣变成叶状。

防治方法:发现枣疯病病株后应将病株连根刨除,树穴用5%石灰乳浇灌,也可喷农抗120等进行预防;枣锈病发病初期可喷洒可杀得、农抗120、百菌清等。

②虫害。酸枣树的虫害主要为桃小食心虫,以幼虫蛀食果肉为害,造成酸枣树减产。

防治方法:酸枣树盛花期开始时,在树干周围地面喷西维因粉剂,消灭越冬出土幼虫;在成虫羽化期用性诱剂诱杀雄蛾;在成虫产卵期对树上喷氟氯氰菊酯或甲氰菊酯等。

5.采收与产地加工

酸枣播种后一般3年结果。在9~10月份,果实完全成熟呈枣红色时采收。一般用竹竿打落果实来采集。也可喷0.03%~0.05%乙烯利(2-氯乙基酸磷)溶液,4天后摇树,捡拾落下的果实。

加工:除去果肉,碾破枣核,分离枣壳,取出枣仁,晒干即成商品。

第五章
真菌类中草药

一、灵 芝

1. 概述

灵芝为多孔菌科真菌红芝或紫芝的干燥子实体。研究证实,灵芝在增强人体免疫力、调节血糖、控制血压、辅助肿瘤放化疗、保肝护肝、促进睡眠等方面均具有显著效果。

2. 形态特征

红芝呈暗红色,革质,韧性强;紫芝呈黑紫色,质脆。在采集和收购野生灵芝时,要注意:假芝属中皱盖假芝的外形与红芝很相似,黑漆假芝的外形与紫芝很相似。它们常与红芝和紫芝混生在一起,肉眼难以区分。必须借助高倍显微镜,在它们散发孢子的时期观察其孢子形状。生有卵形孢子的才是灵芝,而生有球形或近似球形孢子的是假芝。灵芝属于木腐菌。

3. 生长习性

(1)营养 根据西方多年的研究和生产实践,壳斗科树种和马桑树最适宜灵芝生长。在代料栽培中,上述树种的木屑加上适量的麸皮和微量硫酸铵是灵芝栽培的最佳配方。

(2)温度 温度为20~35℃时,灵芝菌丝能正常生长。菌丝生长的适宜温度是25~30℃;子实体生长的适宜温度也是25~30℃。温度低于20℃时子实体原基停止生长,高于33℃时子实体不能正常长菌盖。

(3)湿度 培养料湿度以60%~65%为宜,子实体生长阶段空气相对湿度以90%左右为宜。

(4)空气 灵芝子实体生长发育阶段对二氧化碳浓度敏感,若空气中的二氧化碳浓度超过0.1%,灵芝子实体就不能长出菌伞。

(5)光照 光照是灵芝子实体生长发育中不可缺少的因素。光照不足则子实体生长缓慢,体型瘦小,发育不正常。但灵芝子实体也经受不住阳光直射。灵芝子实体还有明显的向光性,在室内栽培时,子实体的菌盖都一致朝向来光的方向。

(6)酸碱度 灵芝生长需要中性偏酸的环境,如果环境pH低于5.0,则孢子接种不易成活。菌丝难以在碱性环境中生长。

(7)向地性 每年新菌盖生于老菌盖下侧,即菌柄永远是向下的。在栽培中,正常情况下菌柄和菌盖形成直角;若将菌瓶倒放,菌柄和菌盖就长在一条直线上。根据灵芝生长的向光性和向地性,在栽培时,灵芝生长进入菌盖分化阶段后就不能随便移动,以免因方向改变而形成畸形子实体,甚至导致灵芝停止生长。

4.栽培技术

(1)场地选择 灵芝栽培可在室内也可在室外,一般代料栽培在室内,段木栽培在室外。由于灵芝栽培的适宜温度为25~30℃,所以要求选择春、秋两季光照充足、夏季凉爽的场地。半地下室更符合灵芝对温度、湿度条件的要求。而室外最好是栽培在林荫下,也可搭人工荫棚。

季节安排:根据各地气候差异可适当调整。一般段木可在3~4

月份接种;代料可在4月份下旬至5月份上旬开始接种栽培,7月份下旬至8月份上旬完成接种,10月份上旬结束采收。

(2)栽培方式 灵芝的栽培方式主要有段木栽培和代料栽培。

段木栽培:可在1～2月份砍树,3～4月份将树按33厘米左右长锯成若干段,然后将每一筒段木装入一个专用塑料袋内。将塑料袋两头绑上,上甑灭菌。在100℃条件下蒸8～10小时,下甑冷却。冷却后将塑料袋两头打开,将菌种贴在短木头上,再绑紧袋口,放在温度适宜的培养室里培养菌丝。5月份菌丝已长进木质中,此时在室外场地挖厢。厢宽80厘米左右,深20厘米左右(视段木粗细而定),把发好菌的段木去掉菌袋,双排横卧摆入厢内,每节段木之间间隔10厘米,然后盖土,厚度以超过菌筒上面1.7厘米为宜。四周开好排水沟,若没有树荫则盖好荫棚。7月份即有少量子实体出土,若遇晴天,视土表干湿情况喷水保湿。段木栽培的第一年产量不多,产量主要来自于第二年,第二年5月份即可长出子实体,产量最高,第三年也有相当数量的子实体可收。

代料栽培:代料栽培分为瓶栽和袋栽2种方式,现主要介绍瓶栽。

①配料。配料成分:木屑75%,麸皮25%,硫酸铵0.2%。将木屑和麸皮拌匀,将硫酸铵溶于水中再拌入料内。湿度以用手紧握配料,指缝有水而不下滴为宜。

②装瓶。选用500～750毫升容量的广口瓶,洗净内外瓶壁,将配料装入瓶内,压到瓶肩。用两层报纸加一层牛皮纸封好瓶口,上甑灭菌。100℃灭菌8～10小时下甑。

③接种。料瓶冷却后,在无菌室内将封口打开,接入灵芝菌种,然后用原封口的报纸加一层消过毒的薄膜封口,放入培养室。

④培养。培养室的温度控制在25～27℃,空气相对湿度控制在70%以下。经约12天的培养,待菌丝长到培养料高度的1/3时去掉薄膜,继续培养,此时空气相对湿度可略提高到70%～80%。继续培

养8天左右,直至培养料表面开始出现原基,此时将瓶口报纸去掉,移到栽培室中培养子实体。

⑤栽培。培养室温度为27℃,空气相对湿度控制在90%,培养约10天,子实体原基可出瓶口,从这个时期起每遇晴天,可用喷雾器直接喷1~2次水,喷水量宜少,注意不能让瓶内积水。再过25~30天,子实体边缘由白转红,并开始散发孢子,此时需及时采收。

5. 采收与产地加工

灵芝的韧性强,基部与培养料结合也很紧密,不像其他菌类那样容易拔下,易从菌盖与菌柄连接处折断而降低灵芝品质。最好的办法是用尖嘴钳夹住灵芝基部拔下,用剪刀剪去杂质,马上晒干。若遇阴雨天,要及时烘烤。灵芝主要供药用,加工方法主要是干制。灵芝干透后应立即装入无毒塑料袋中储存,以免回潮变质。

二、茯 苓

1. 概述

茯苓为多孔菌科真菌茯苓的干燥菌核,具有利水渗湿、健脾宁心的功效。茯苓主产于云南、广西、福建、安徽、河南、湖北等地。

2. 形态特征

茯苓为多年生真菌,由菌丝组成不规则块状菌核,表面呈瘤状皱缩,淡灰棕色或黑褐色。菌核大小不等,直径可达30厘米或更长。在同一块菌核内部,可能部分菌核呈白色,部分菌核呈淡红色。菌核为粉粒状质地,新鲜时质软,干后坚硬。子实体平伏,生于菌核表面,形如蜂窝,高3~8厘米,初为白色,老后为淡棕色,管口为多角形,壁薄。孢子呈近圆柱形,有一歪尖,周壁表面平滑,透明无色。

第五章 真菌类中草药

3. 生长习性

茯苓的适应能力强。野生茯苓分布较广,在海拔 50～2800 米范围内均可生长,但以海拔 600～900 米分布较多。茯苓多生长在干燥、向阳、坡度为 10°～35°、有松林分布的微酸性沙壤土层中,一般埋土深度为 50～80 厘米。茯苓为兼性寄生真菌,其菌丝既能靠侵入活树根来生存,又能靠吸取死树的营养来生存。茯苓喜寄生于松树的根部,依靠其菌丝在树根和树干中蔓延生长,分解、吸收松木的养分和水分,作为自身的营养来源。茯苓为好气性真菌,只有在通气良好的情况下,才能很好生长。

茯苓菌丝的适宜生长温度为 18～35℃,在 25～30℃条件下生长最快且生长较好,温度在 35℃以上时菌丝容易老化,10℃以下时生长十分缓慢,0℃以下时处于休眠状态。子实体则在 24～26℃时发育最迅速,并能产生大量孢子,当空气相对湿度为 70%～85% 时,孢子大量散发。20℃以下时,子实体生长受到限制,孢子不能散发。茯苓对水分的要求是,以寄主(树根或木段)的含水量在 50%～60%、土壤含水量在 25%～30% 为好。

4. 栽培技术

茯苓的栽培方式较多,用木段、树根及松针(松叶加上短枝条)均可栽培。目前生产上主要是用茯苓菌丝作为引子,接种到松木上。菌丝在松木中生长一段时期后,便结成菌核。

(1)选苓场和备料

① 选苓场。宜选择海拔 600～900 米的山坡,坡高为 15°～30°,要求地块背风向阳、土质偏沙、中性及微酸性、排水良好。清除草根、树根、石块等杂物,然后顺坡挖窖,窖深 60～80 厘米,窖的长和宽据木段数量及长短而定,一般窖长约 90 厘米,窖间距为 20～30 厘米。苓场四周开好排水沟。

②备料。于头年秋、冬两季,砍伐马尾松,砍后剃枝并依松木大小将树皮相间纵削3~10条,俗称"剥皮留筋"。削面宽3厘米左右,深入木质部约0.5厘米,使松木易于干燥并流出松脂。削好的松木就地架起,使其充分干燥,当松木断口停止排脂、敲击树干有清脆响声时,再锯成65~80厘米长的木段,置通风透光处备用。6月份左右把木段排入窖内,每窖排3到数段,粗细搭配,分层放置,准备接种。

(2)菌种准备 菌种也叫"引子",分为菌丝引、肉引和木引3种。现多用菌丝引。

①菌丝引。菌丝引是经人工纯培养的茯苓菌丝,采用组织分离法分离母种得到的。但最好用茯苓孢子制种,方法是将8~9千克的鲜菌核置于盛水容器上,离水约2厘米,保持室温为24~26℃,空气湿度为85%以上,室内光线明亮,仅1天后,菌核近水面就会出现白色蜂窝状子实体。20天后子实体可大量弹射孢子。此时即可进行无菌操作。切取1厘米^{2}子实体,用S形铁丝钩吊挂在马铃薯葡萄糖琼脂培养基(PDA培养基)上,在室温28℃条件下培养。24小时后,孢子萌发为白菌丝,经纯化培养即得母种。母种可用PDA培养基斜面培养,扩大繁殖为原种。将原种再接到栽培种培养基上,在室温25~28℃条件下培养1个月后,菌丝充满培养基各部,即得供接段木用的栽培种。栽培种培养基的组成和配比为松木屑:麸皮:石膏粉:蔗糖=76:22:1:1,需加适量水,使含水量为65%左右,将上述材料拌匀后装入广口瓶和聚丙烯塑料袋中,经常规灭菌后接入原种。

②肉引。肉引是新鲜茯苓的切片。选用新挖的、中等大小(250~1000克)、浆汁足的茯苓作肉引。

③木引。木引是肉引接种的木料,即带有菌丝的段木。5月份上旬,选取质地泡松、直径为9~10厘米的干松树,剥皮留筋后锯成约50厘米长的段木。接种时用新挖的鲜茯苓,一般每窖放约10千克段木,鲜茯苓0.5~0.7千克。用头引法接种,即把苓种片贴在段木上端靠皮处,覆土约3厘米厚,至8月份上旬即可挖出。选黄白

色、筋皮下有明显菌丝、具茯苓香气者作木引种。

(3) 接种和管理

①菌丝引接种。选晴天，将窖内中、细木段的上端削尖，然后将栽培种瓶或种袋倒插在尖端。接种后及时覆土约3厘米厚。也可把栽培种从瓶中或袋中倒出，集中接在木段上端锯口处，加盖1层木片及树叶，覆土。

②肉引接种。根据段木粗细采取"上二下三"或"上一下二"方式分层放置。接种时用干净的刀片剖开冬种，将苓肉面紧贴段木，苓皮朝外，边接边剖。接种量根据地区、气候等条件来定，一般50千克段木用250~1000千克种苓。

③木引接种。将选作接种用的段木挖出，锯成2节，一般窖用木引1~2节。接种时把木引和段木头对头接拢即可。接种季节随地区而异，气温高的地区于4月份上旬进行，气温低的地区则于5月份上旬至6月份接种。接种后3~5天菌丝萌发生长，菌丝蔓延约需10天。这一时期要注意防止白蚁为害。接种后3~4个月可结苓，结苓时不要撬动段木，以防折断菌丝。结苓期茯苓生长快，地面常出现裂缝，应及时补缝并除去杂草。

(4) 虫害及其防治

茯苓的主要虫害是黑翅大白蚁。黑翅大白蚁可蛀食松木段木，使之不长茯苓而严重减产。

防治方法：选冬场时避开蚁源；清除腐烂树根；冬地周围挖一道深50厘米、宽40厘米左右的封闭环形防蚁沟，沟内撒石灰粉或将臭椿树埋于窖旁；引进白蚁天敌——蚀蚁菌；在苓场四周设诱蚁坑，埋入松木或蔗渣，诱白蚁入坑，每月查1次，见蚁就杀死。

5. 采收与产地加工

当茯苓外皮呈黄褐色时即可采挖，如呈黄白色则说明茯苓未成熟，如发黑说明已过熟。选晴天采挖，刷去茯苓表面的泥沙，堆在室内分层排好,底层及上面各加一层稻草,使之"发汗",每隔3天翻动1次。等水汽已干、苓皮起皱时可削下外皮,即为"茯苓皮"。将茯苓切成厚薄均匀的薄片或方块,粉红色为"赤苓片"或"赤苓块",白色为"白苓片"或"白苓块",有松木心者即为"茯神"。去皮后也可不切片,茯苓阴干即为"茯苓个"。

参考文献

[1] 姚宗凡,黄英姿. 常用中药种植技术[M]. 北京:金盾出版社,2000.

[2] 田义新. 药用植物栽培学[M]. 北京:中国农业出版社,2011.

[3] 郭巧生. 药用植物栽培学[M]. 北京:高等教育出版社,2009.

[4] 周成明. 80种常用中草药栽培[M]. 北京:中国农业出版社,2006.

[5] 张改英等. 百种中草药与加工新技术[M]. 北京:中国农业科学技术出版社,2007.

[6] 孙立晨. 中草药栽培技术[M]. 北京:中国农业出版社,2009.

[7] 王文全. 中药资源学[M]. 北京:中国中医药出版社,2012.

[8] 李成义. 中药鉴定学[M]. 北京:中国中医药出版社,2005.